Reliure serrée

TRAITÉ

DE

MÉCANIQUE INDUSTRIELLE.

PARIS. — IMPRIMERIE DE LAIN, RUE RACINE, Nº 4,
PLACE DE L'ODÉON.

TRAITÉ

DE

MÉCANIQUE INDUSTRIELLE,

OU

EXPOSÉ DE LA SCIENCE DE LA MÉCANIQUE DÉDUITE DE
L'EXPÉRIENCE ET DE L'OBSERVATION;

PRINCIPALEMENT

A L'USAGE DES MANUFACTURIERS ET DES ARTISTES;

PAR M. CHRISTIAN,

DIRECTEUR DU CONSERVATOIRE ROYAL DES ARTS ET MÉTIERS A PARIS.

PLANCHES.

PARIS,

BACHELIER, LIBRAIRE, SUCCESSEUR DE Mme. V^e. COURCIER,

QUAI DES AUGUSTINS.

1825.

Modes d'application de la force de l'homme.
Pl. 1
Fig. 1.
Fig. 2.
Fig. 3.
Fig. 4.
Fig. 5.
Fig. 6.
Fig. 7.
Fig. 8.
Fig. 9.
Dessiné et Gravé par Leblanc.

Fig. 1.

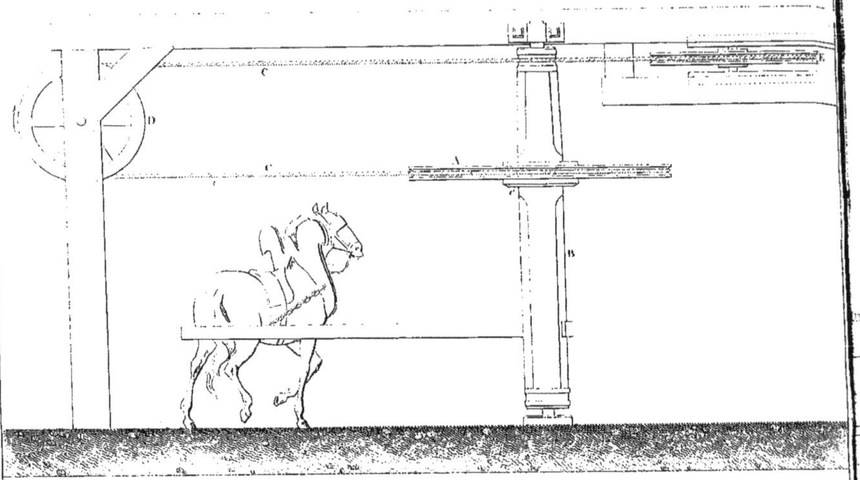

Fig. 2.

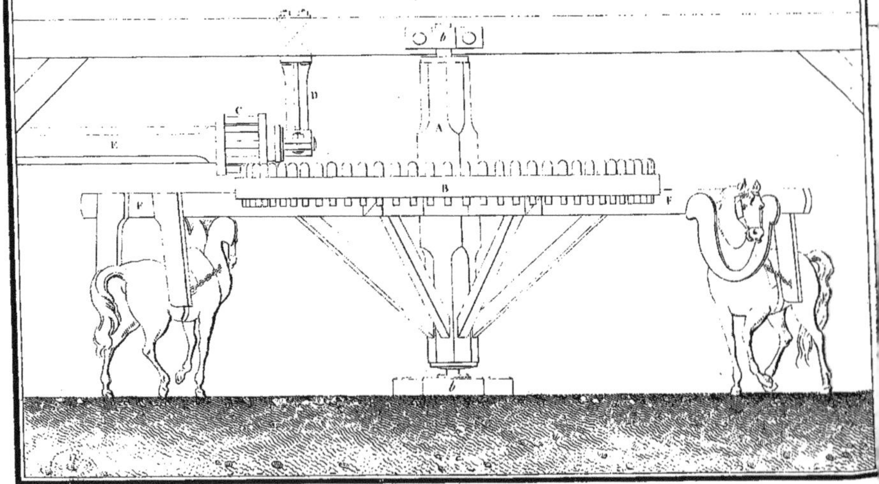

Fig. 3 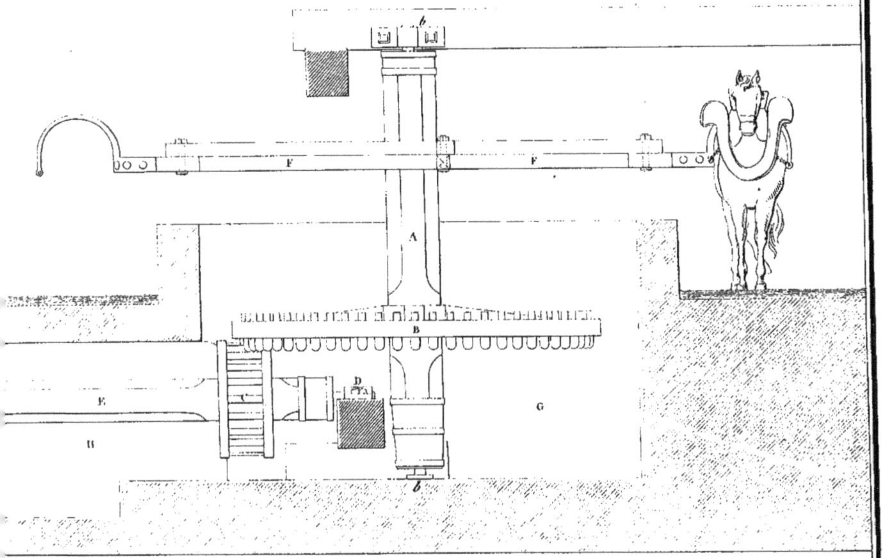
b
F
F
A
B
D
E
G
b
Fig. 4 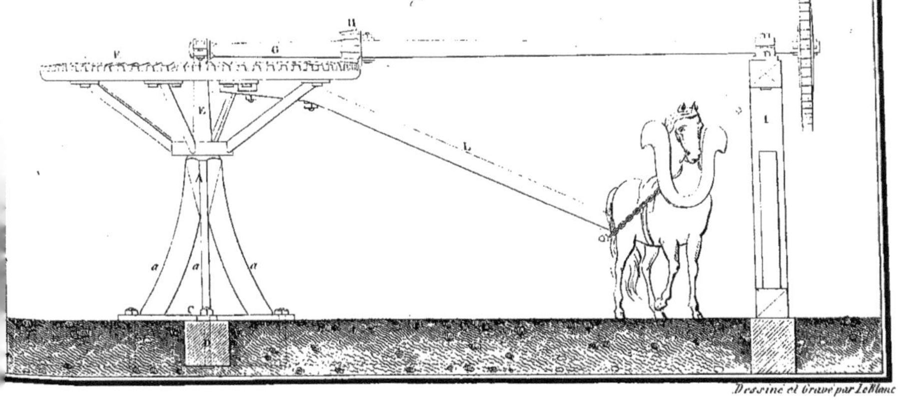
K
H
V
G
H
I
E
L
A
a
a
a
C
D
Dessiné et gravé par LeBlanc

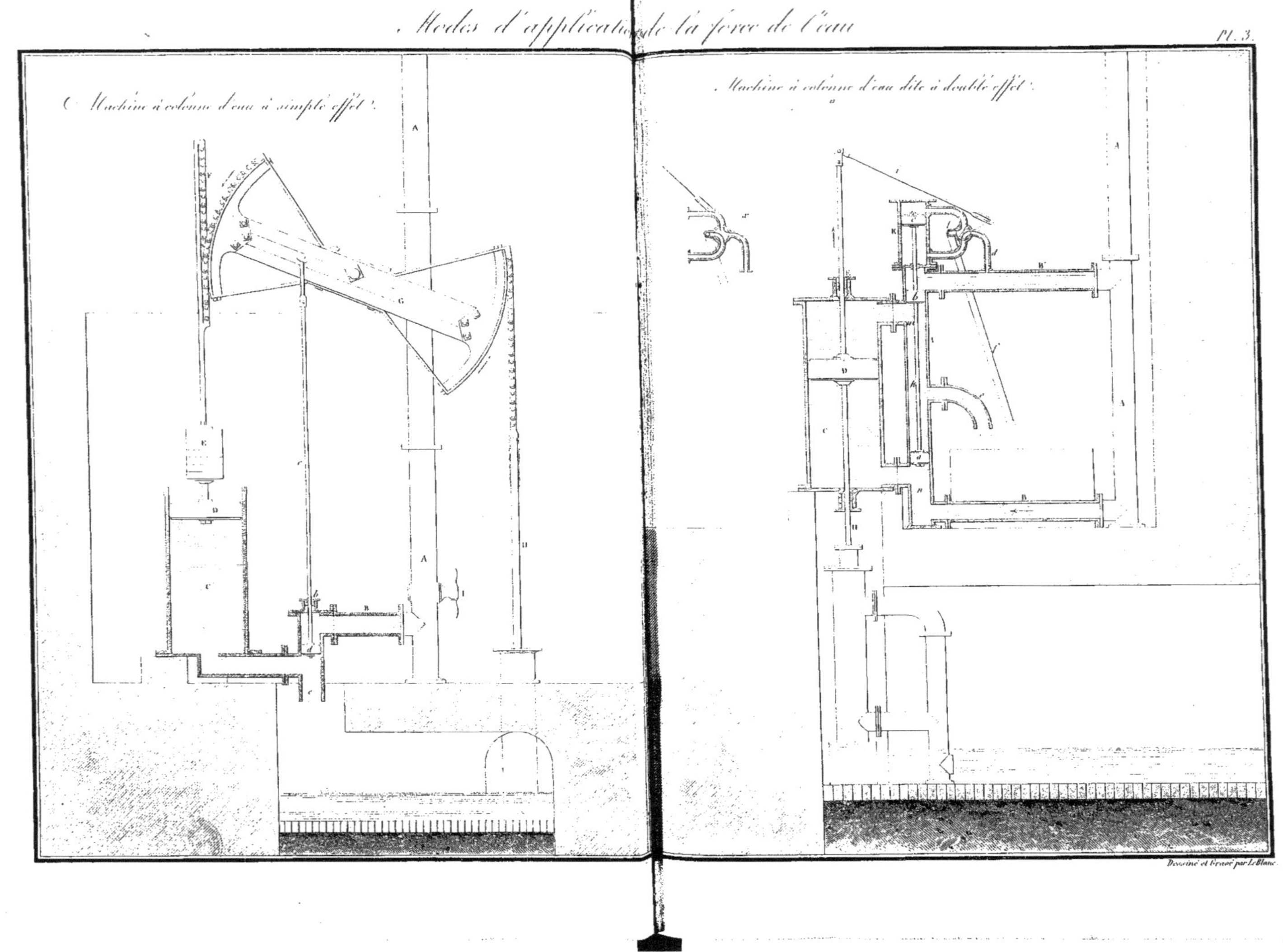
Machine à colonne d'eau à simple effet.
Machine à colonne d'eau dite à double effet.
Dessiné et Gravé par LeBlanc.

Balance hydraulique

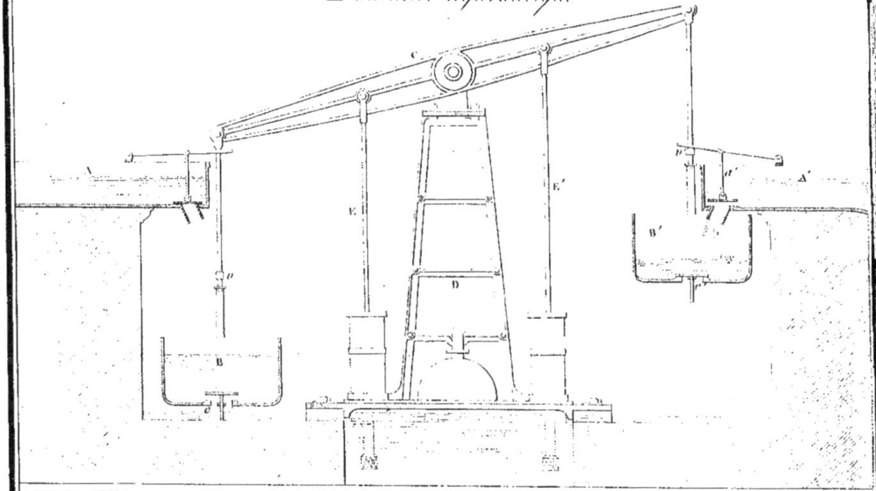

Levier hydraulique d'Aldini

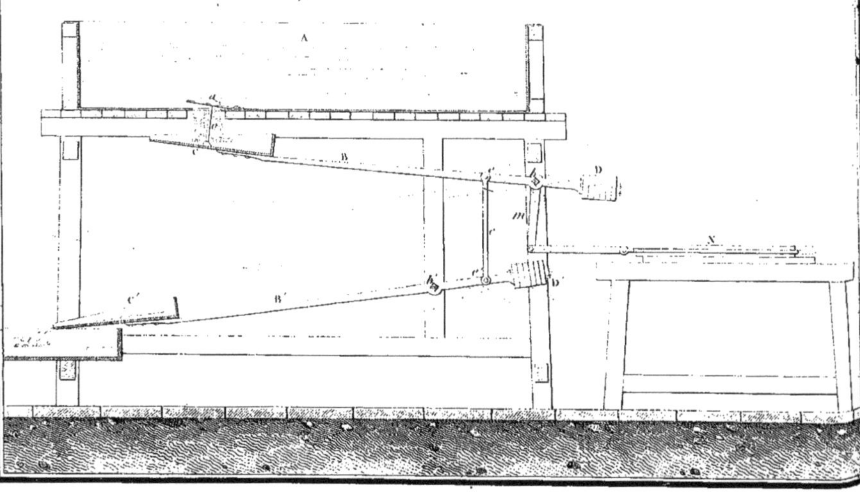

Pl. 4.

Balancier hydraulique.

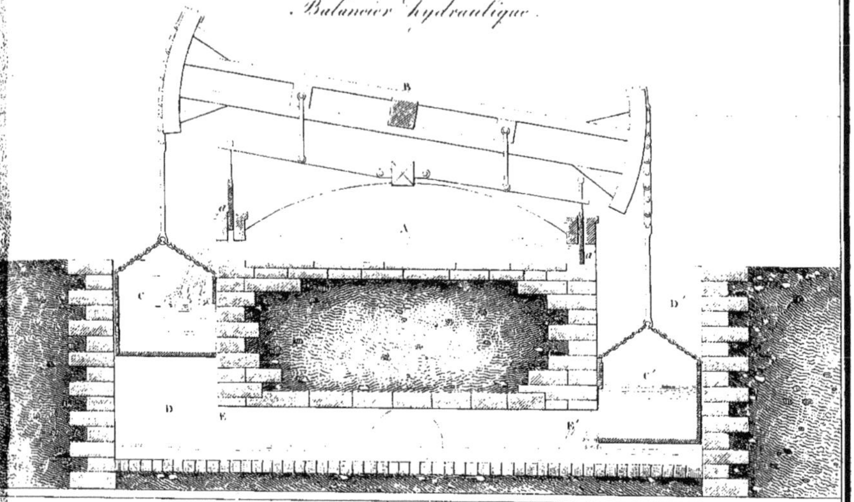

Bascule hydraulique.

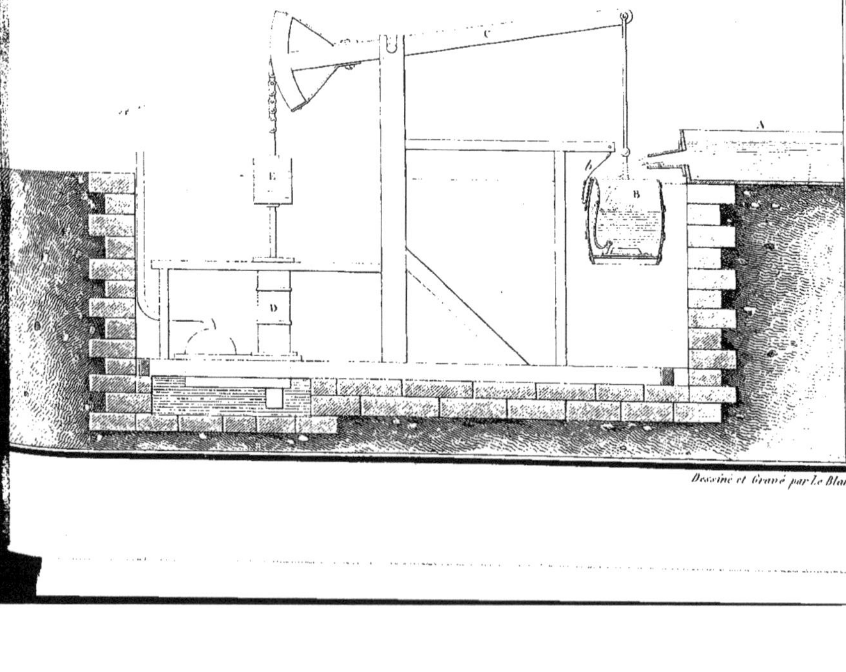

Dessiné et Gravé par Le Blanc.

Modes d'application de la force de l'eau.
Pl. 5. 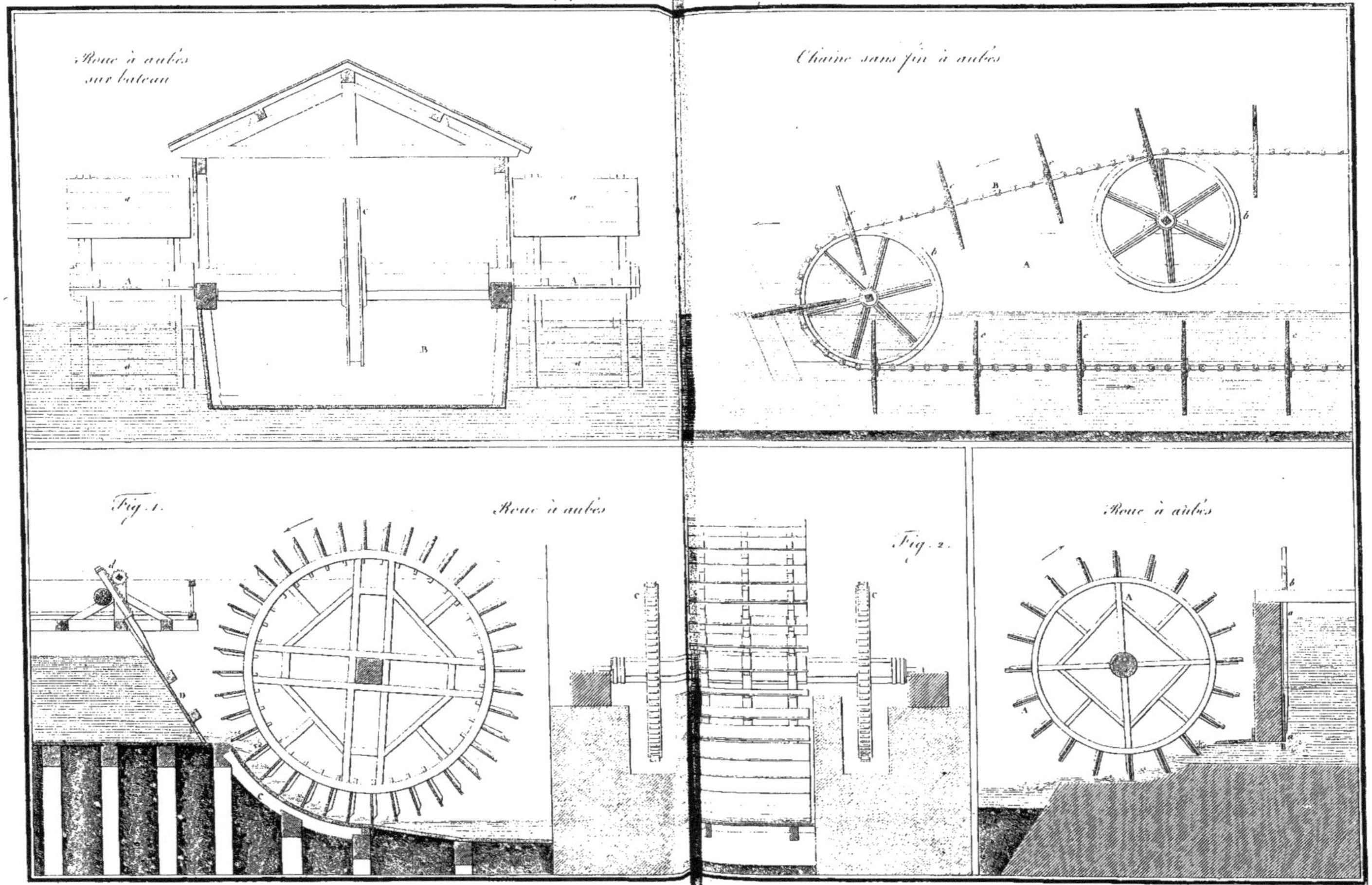
Roue à aubes
sur bateau
Chaîne sans fin à aubes
Fig. 1.
Roue à aubes
Fig. 2.
Roue à aubes
Dessiné et Gravé par Le Blanc.

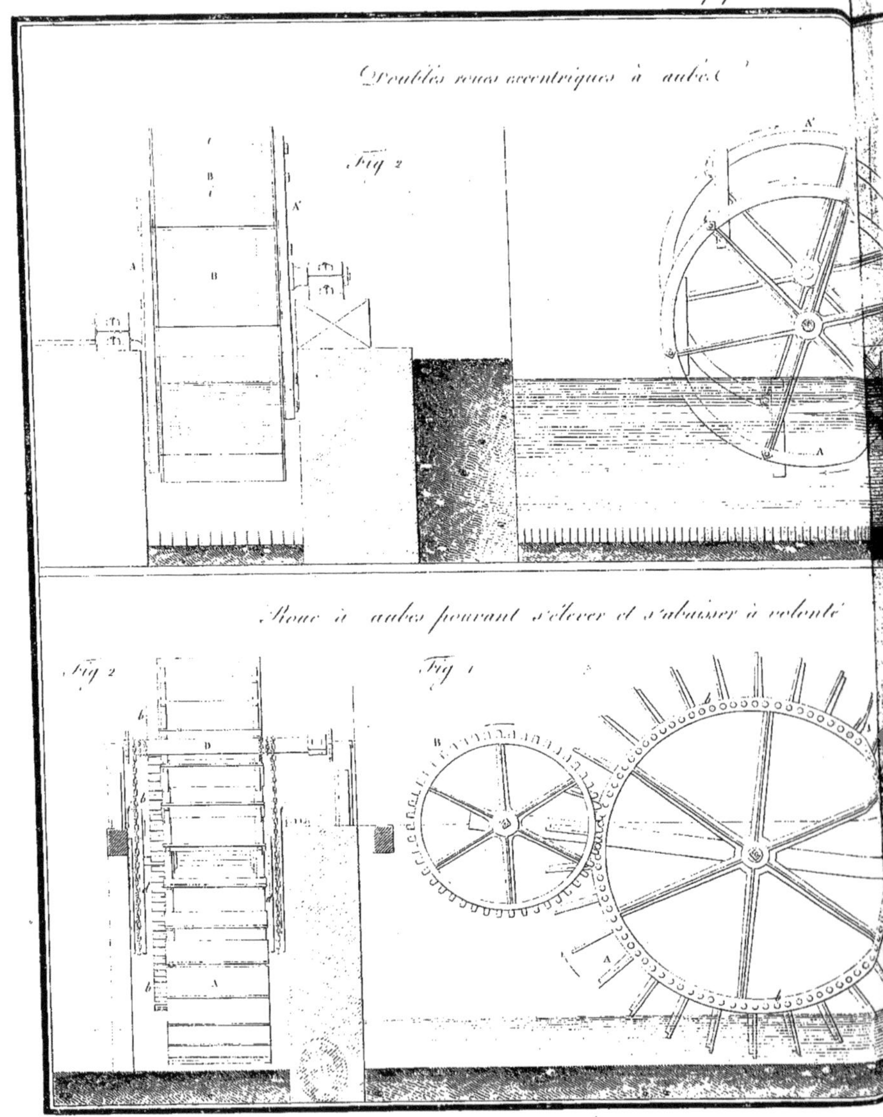
Doubles roues excentriques à aubes
Fig 2
Roue à aubes pouvant s'élever et s'abaisser à volonté
Fig 2
Fig 1

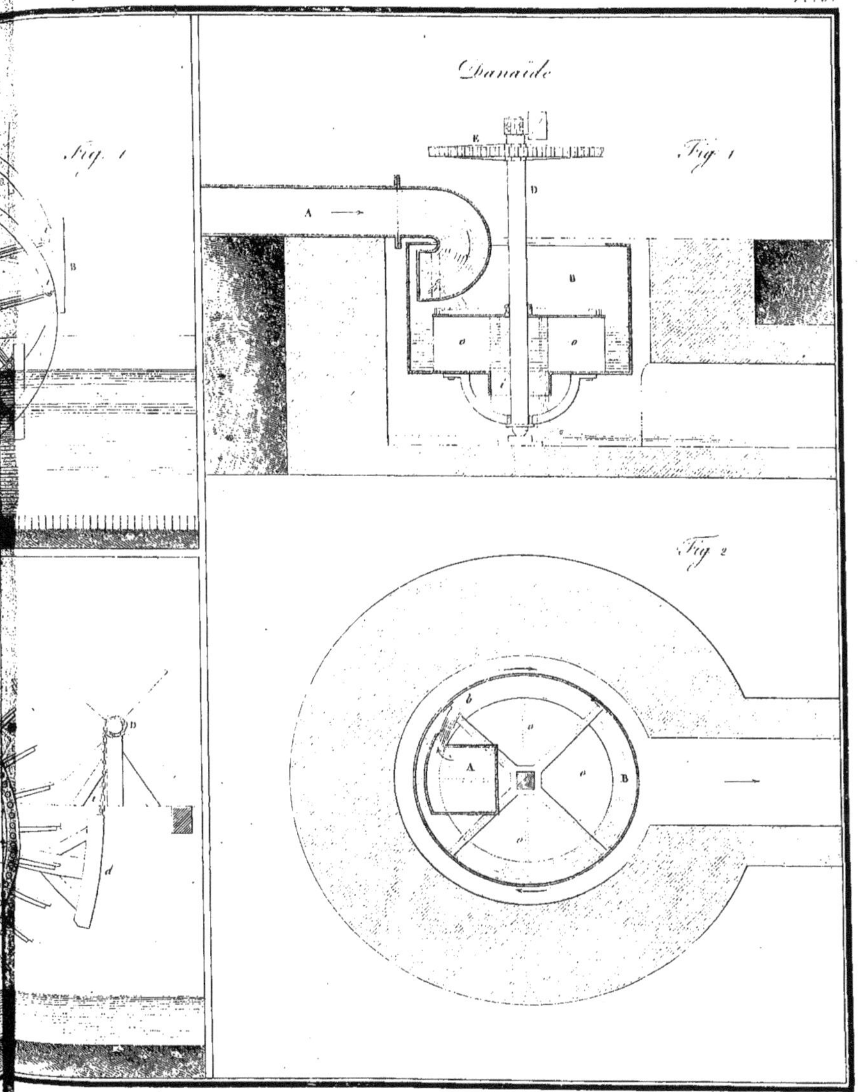

Dessiné et gravé par LeBlanc.

Modes d'application de la force de l'eau

Roue à aubes, par pression

Fig. 1.

Fig. 2.

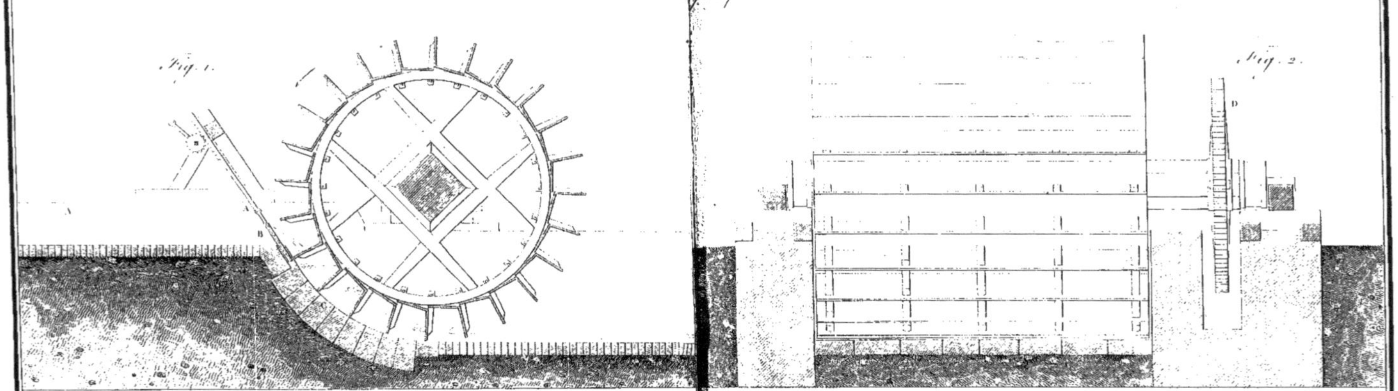

Roue à deux rangs d'augets
pouvant tourner dans deux sens différents

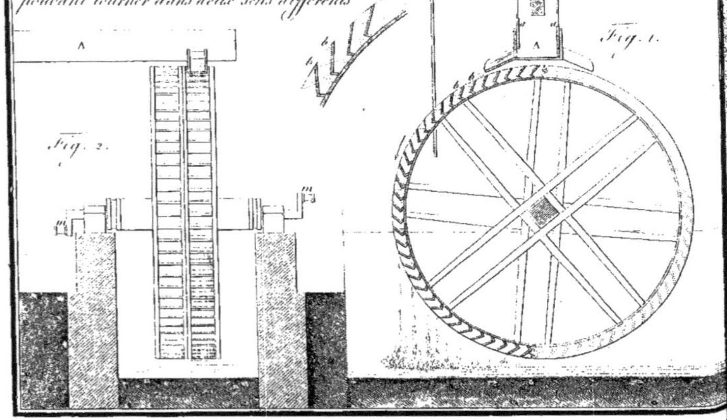

Fig. 1.

Fig. 2.

Roue à augets de Perkins, avec son système de décharge

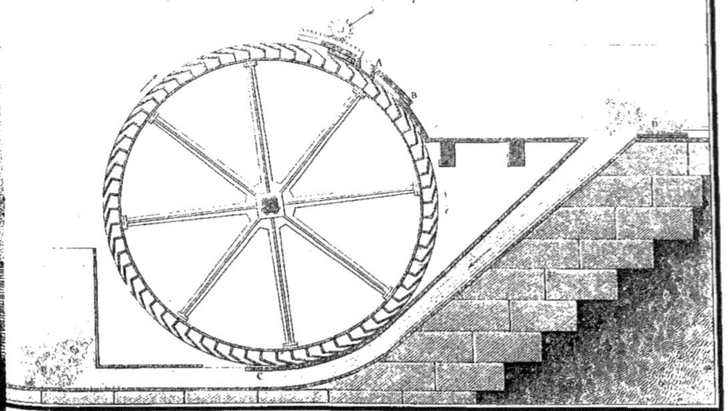

Fig. 1.

Fig. 3.

Roues à auges

Fig. 2.

Fig. 6.

Fig. 4.

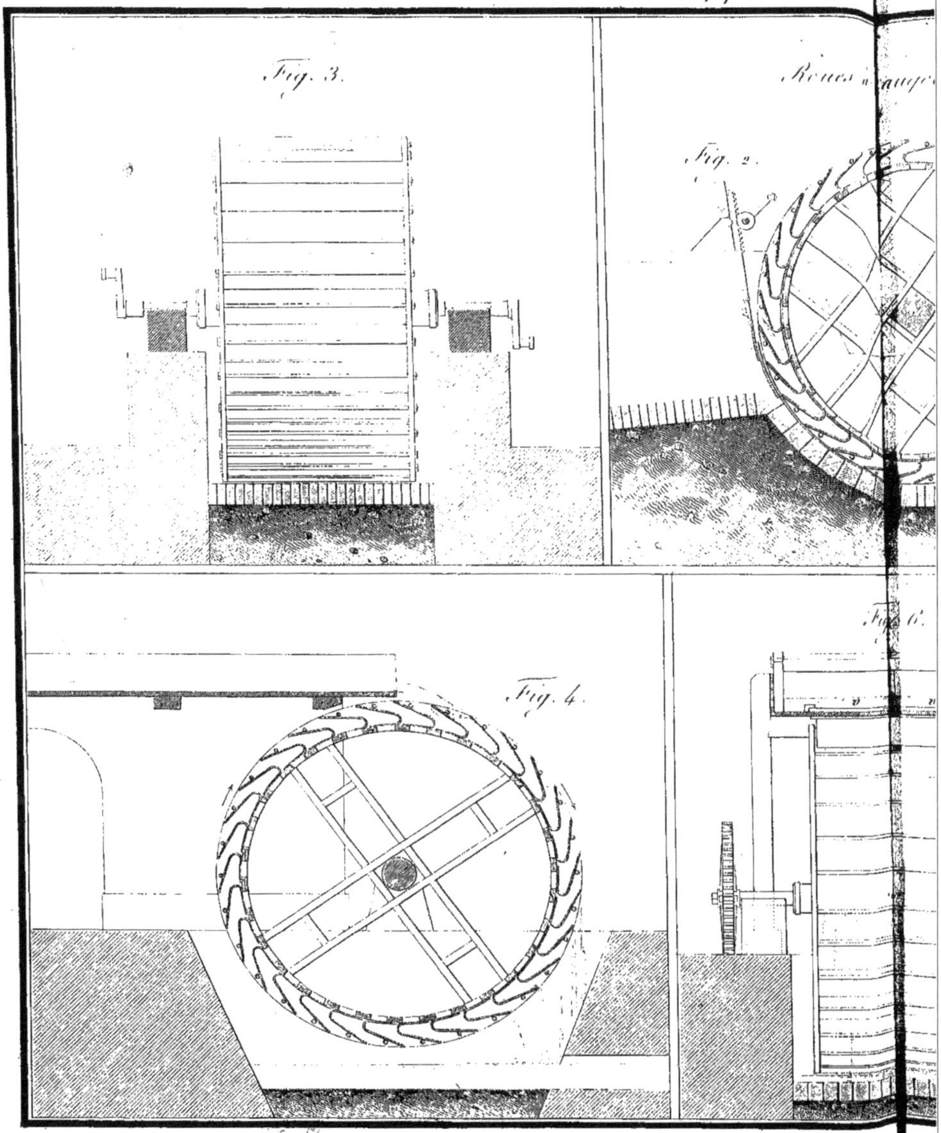

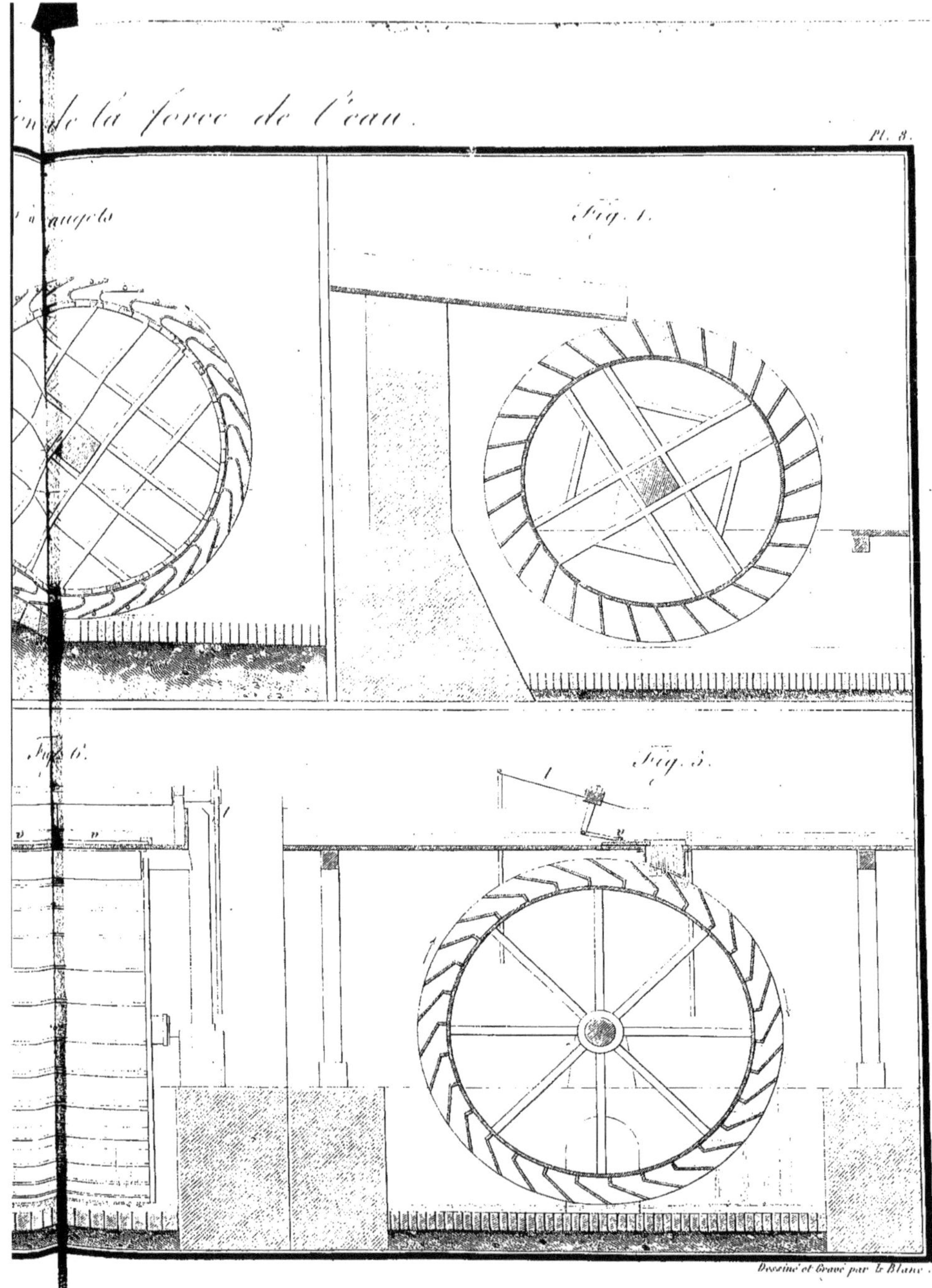
Fig. 4.
Fig. 5.
Fig. 6.
Dessiné et Gravé par le Blanc.

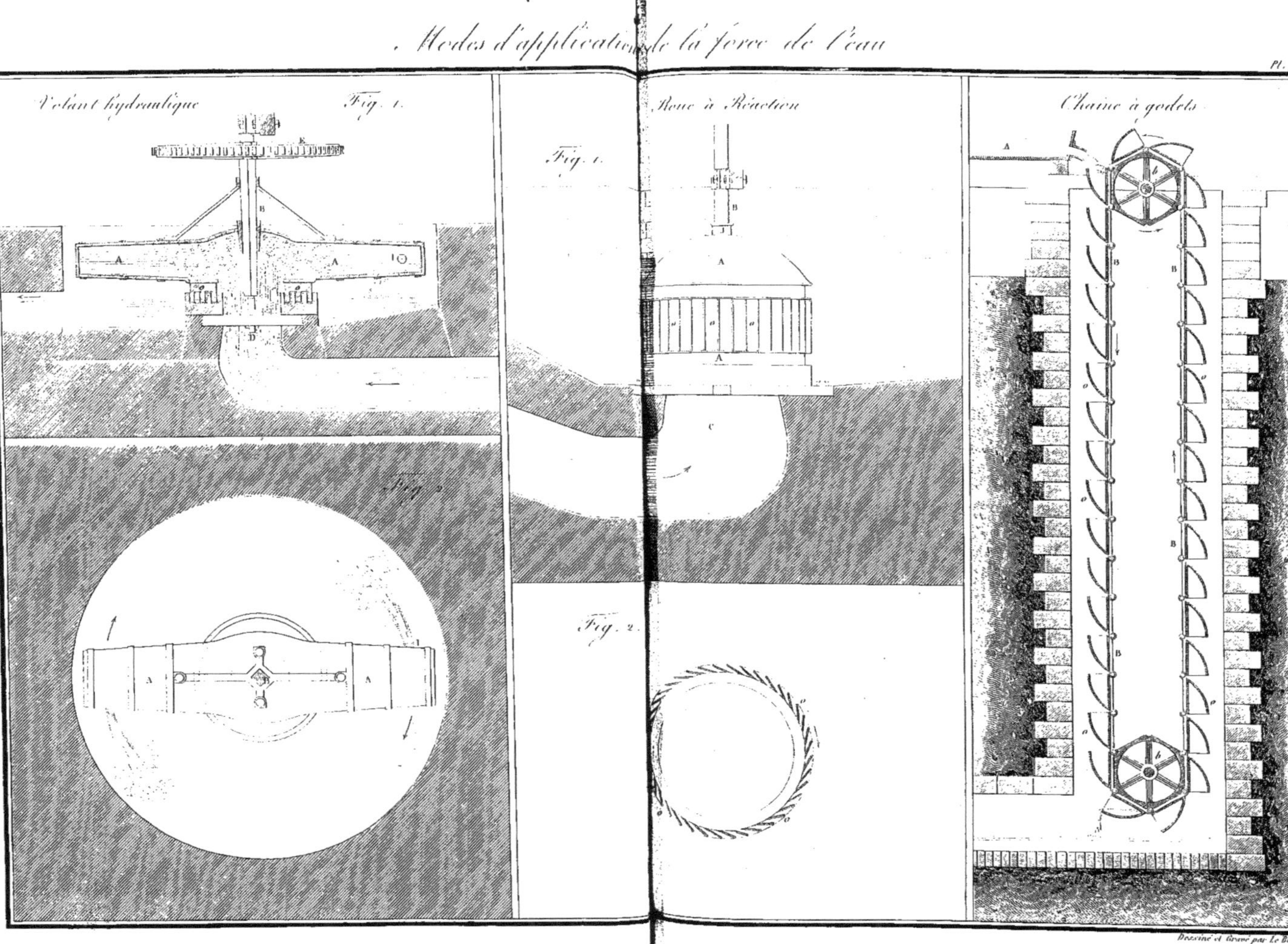

Modes d'application de la force de l'eau
Pl. 9.
Volant hydraulique
Fig. 1
Roue à Réaction
Chaîne à godets
Fig. 1
A
B
Fig. 2
Fig. 2
A
A
Dessiné et Gravé par Le Blanc.

Moulins à Vent ordinaire.

Fig. 1.

Fig. 2.

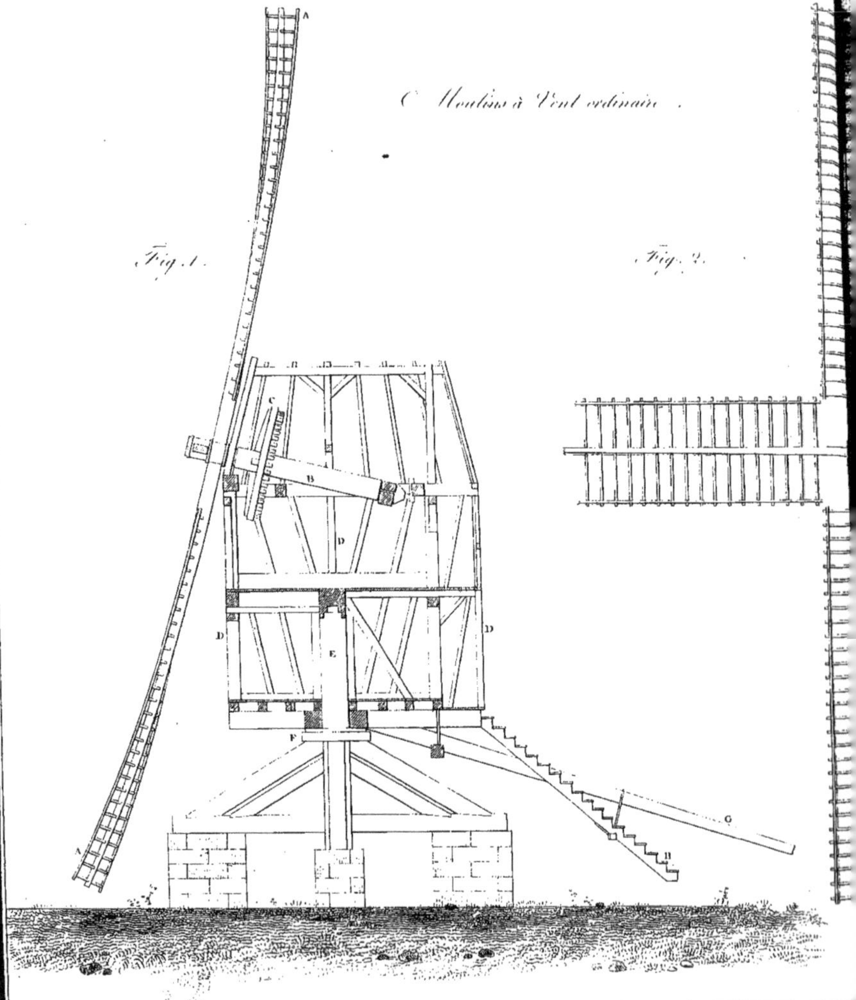

Fig. 4.
Fig. 3.
a
h
b
c
h
m
m
d
a
bo

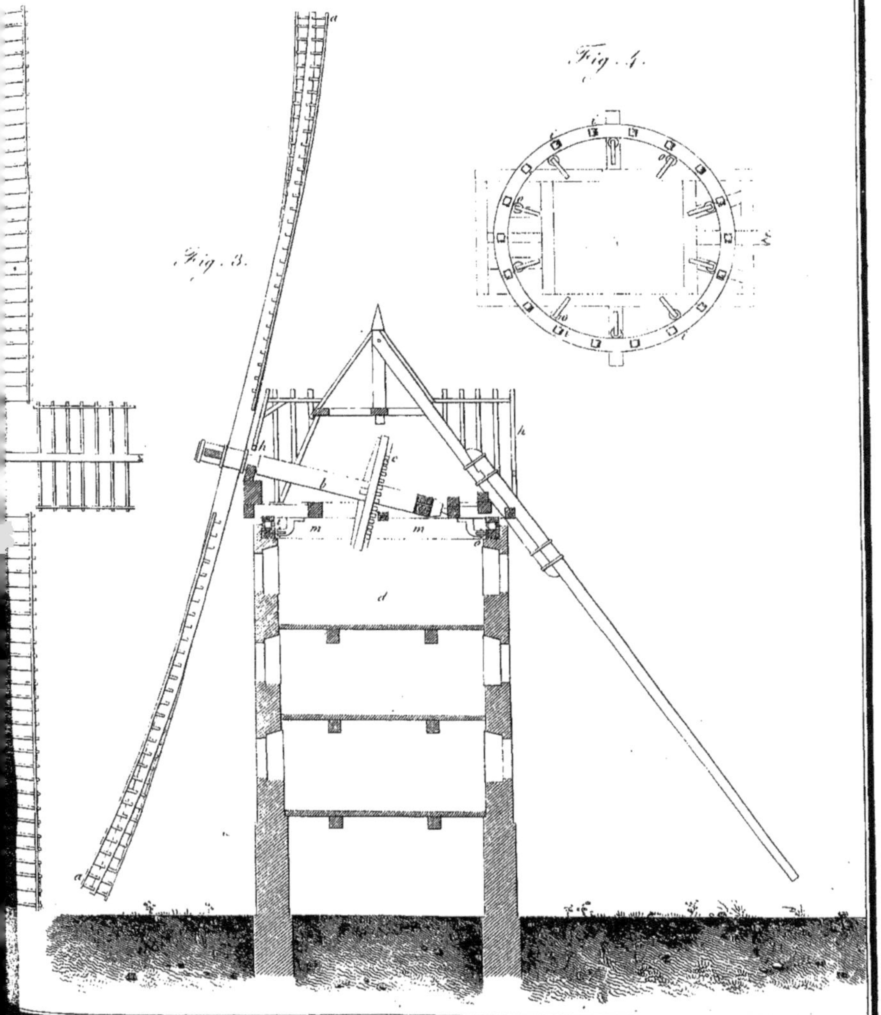

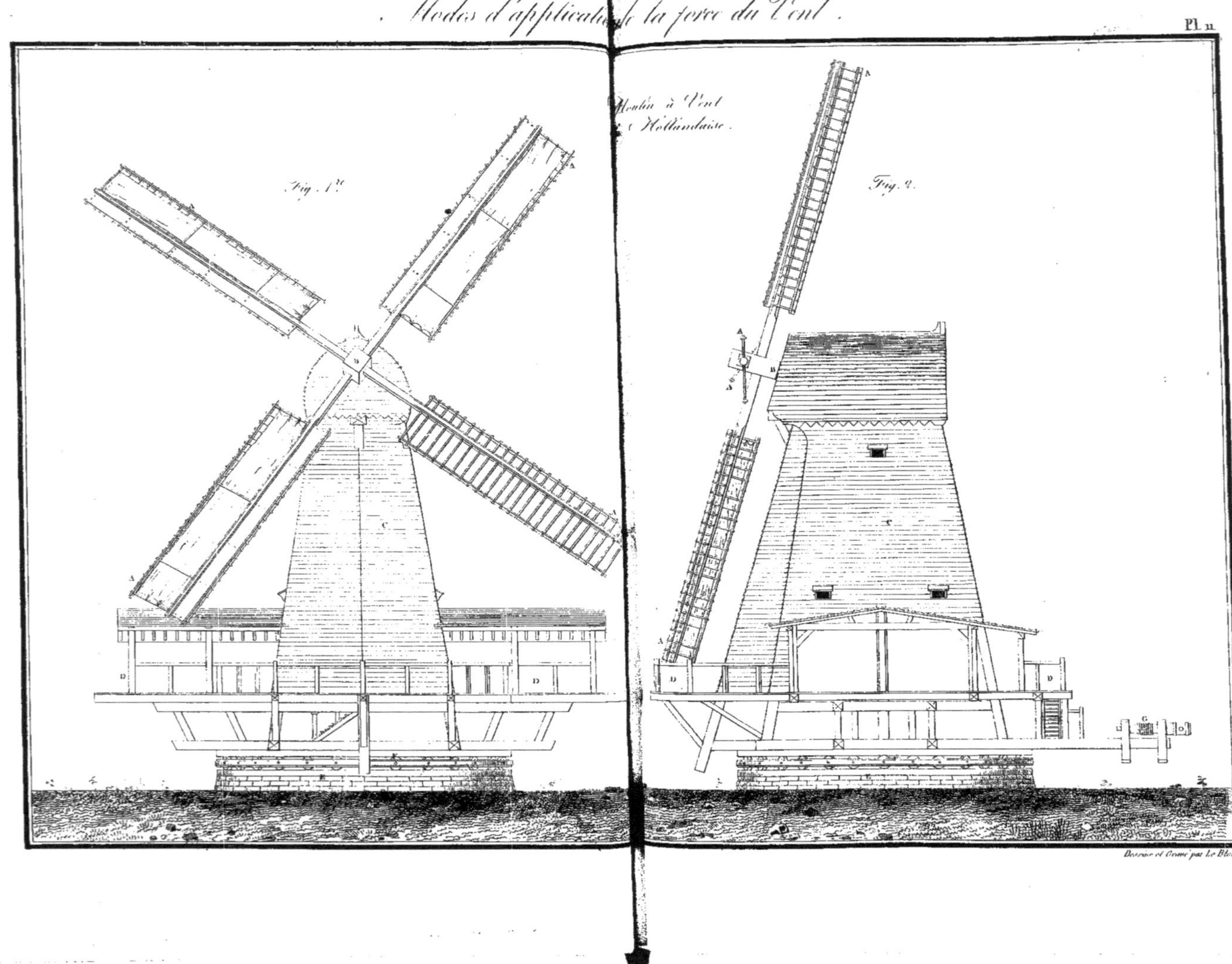
Moulin à Vent
à Hollandaise.
Fig. 1.er
Fig. 2.
Dessiné et Gravé par Le Blanc.

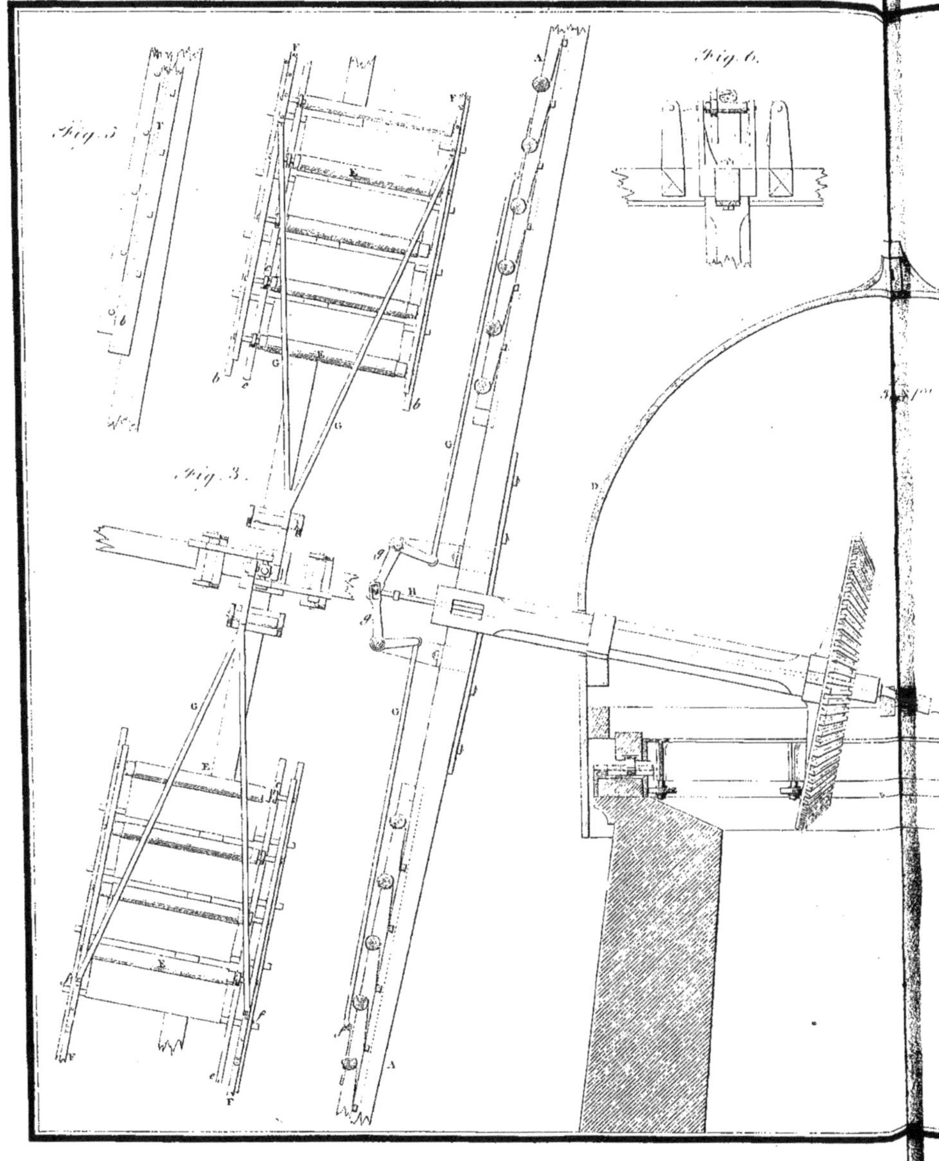
Fig. 5.
Fig. 3.
Fig. 6.

Moulin Anglais à ailes Verticales.

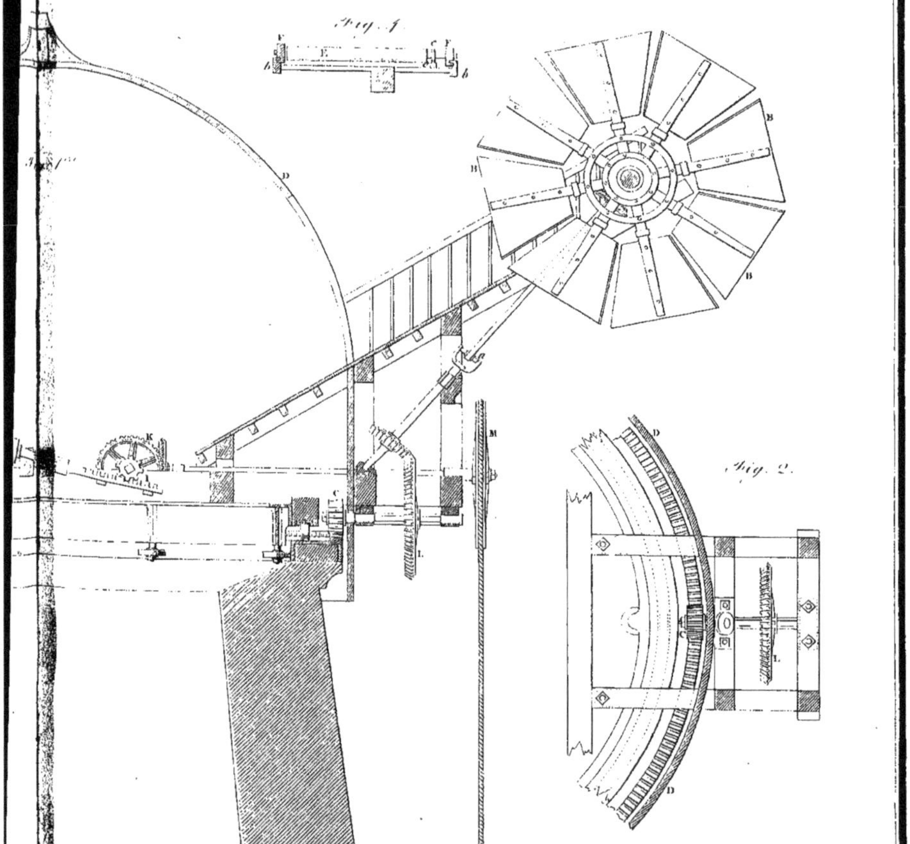

Fig. 1

Fig. 2

Dessiné et gravé par Leblanc

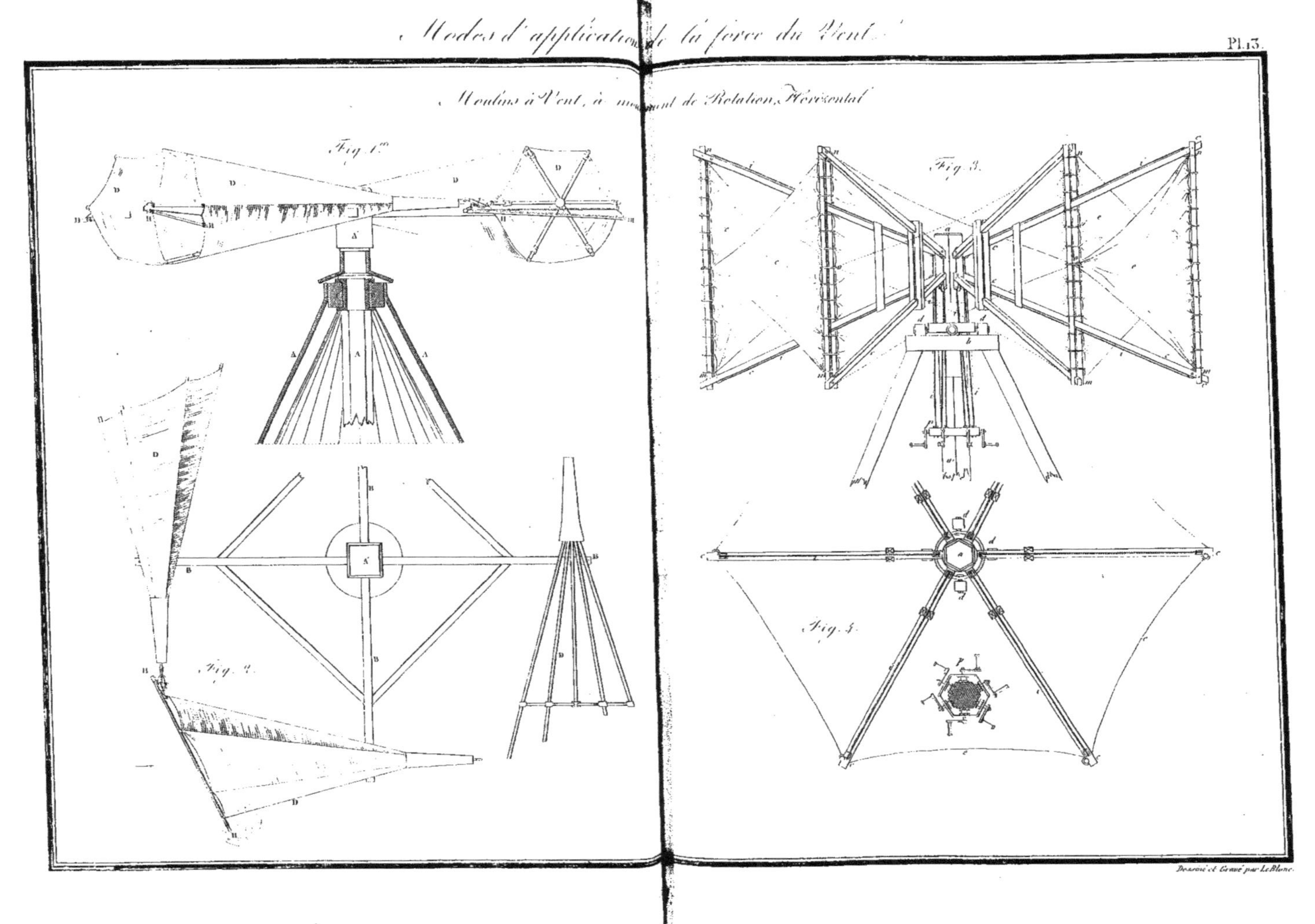

Modes d'application de la force du Vent.
Pl.13.
Moulins à Vent, à mouvement de Rotation Horizontal
Fig. 1.re
Fig. 2.
Fig. 3.
Fig. 5.
Dessiné et Gravé par LeBlanc.

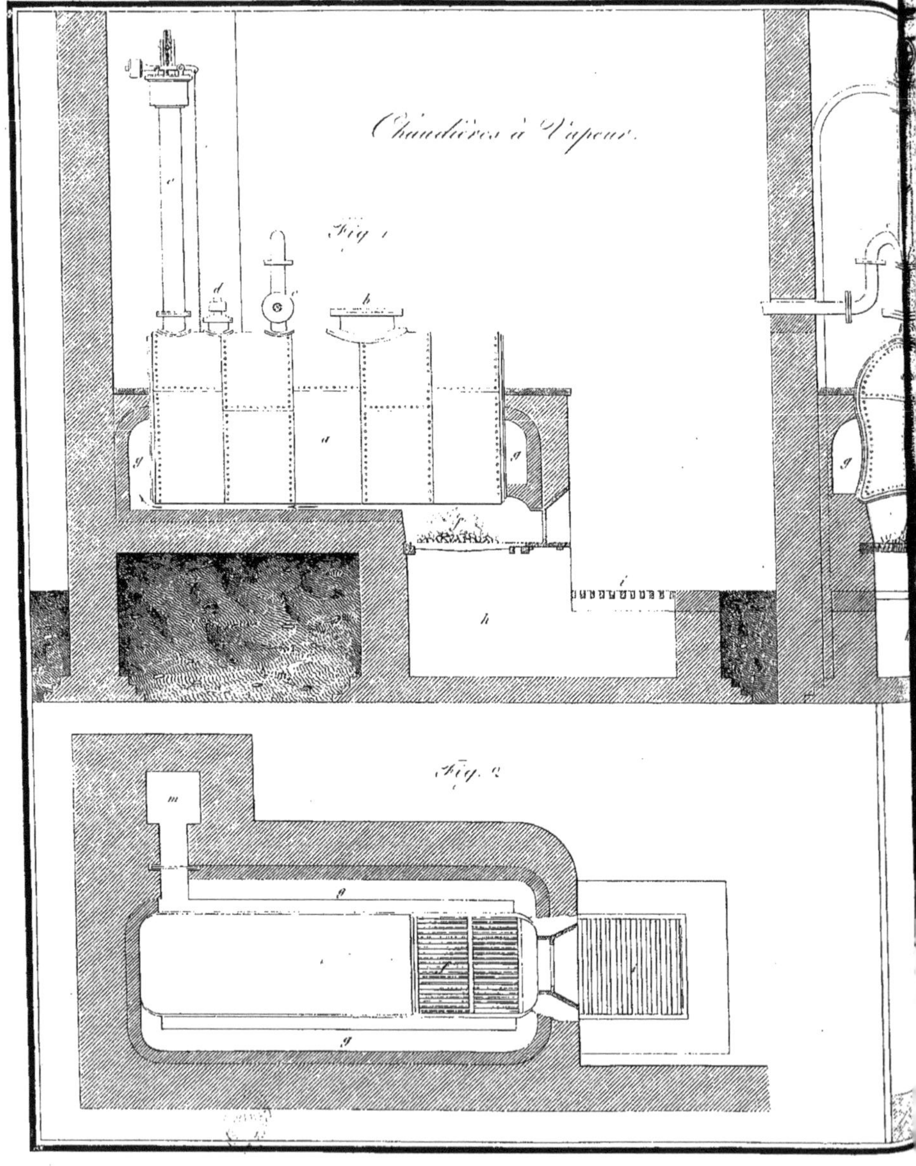

Chaudières à Vapeur.
Fig 1
d
c
b
a
g
g
g
h
i
m
Fig. 2
g
g

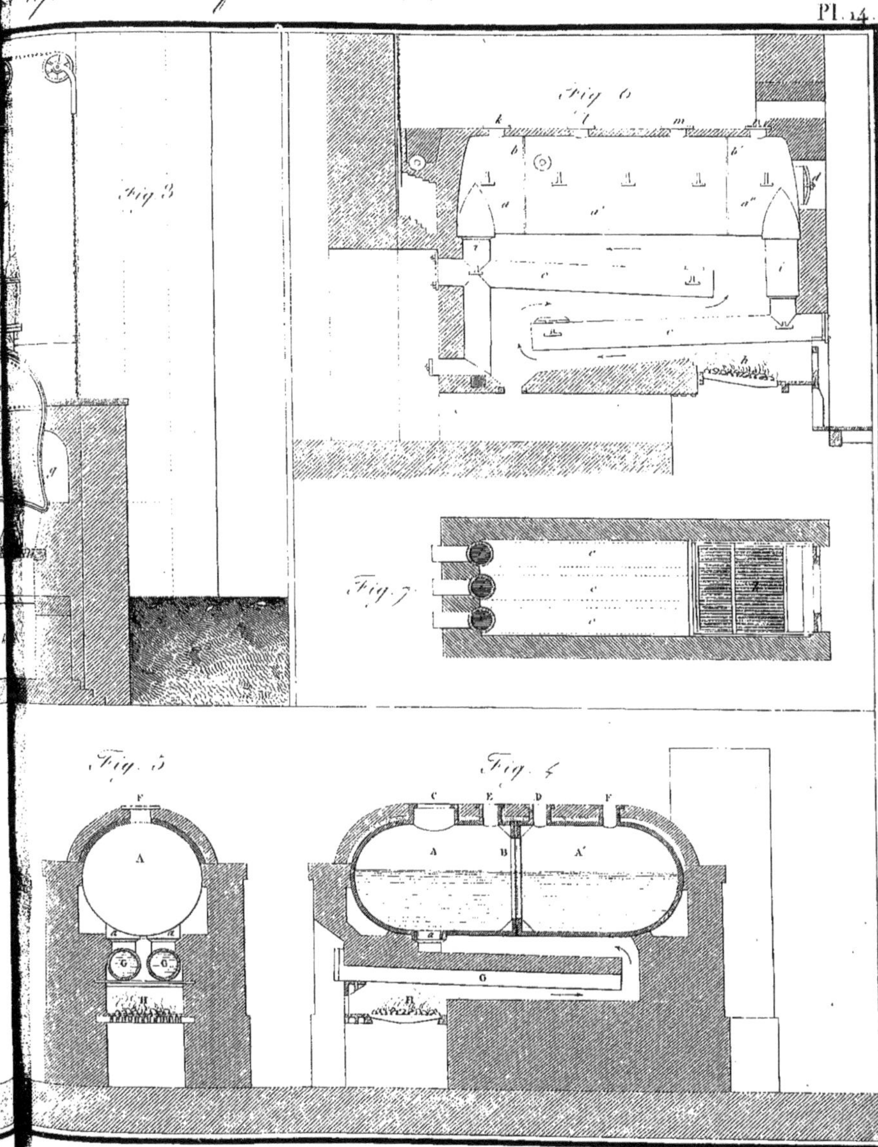

Dessiné et Gravé par Le Blanc.

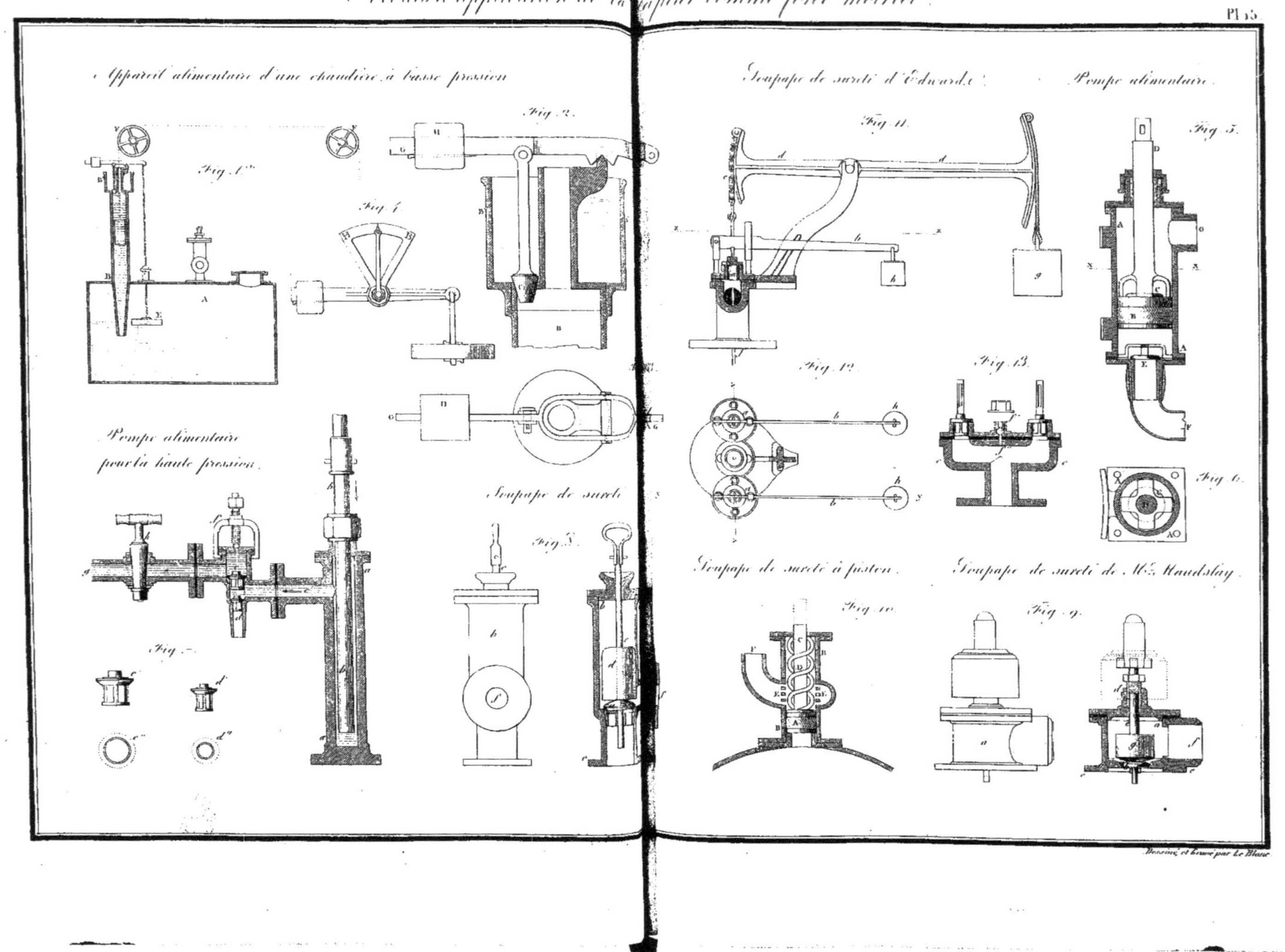

Modes d'application de la vapeur comme force motrice.
Pl. 5
Appareil alimentaire d'une chaudière à basse pression
Soupape de sureté d'Edwards.
Pompe alimentaire.
Pompe alimentaire pour la haute pression.
Soupape de sureté
Soupape de sureté à piston.
Soupape de sureté de M.rs Maudslay.
Fig. 1.re
Fig. 2.
Fig. 3.
Fig. 4.
Fig. 5.
Fig. 6.
Fig. 7.
Fig. 8.
Fig. 9.
Fig. 10.
Fig. 11.
Fig. 12.
Fig. 13.
Dessiné et gravé par Le Blanc

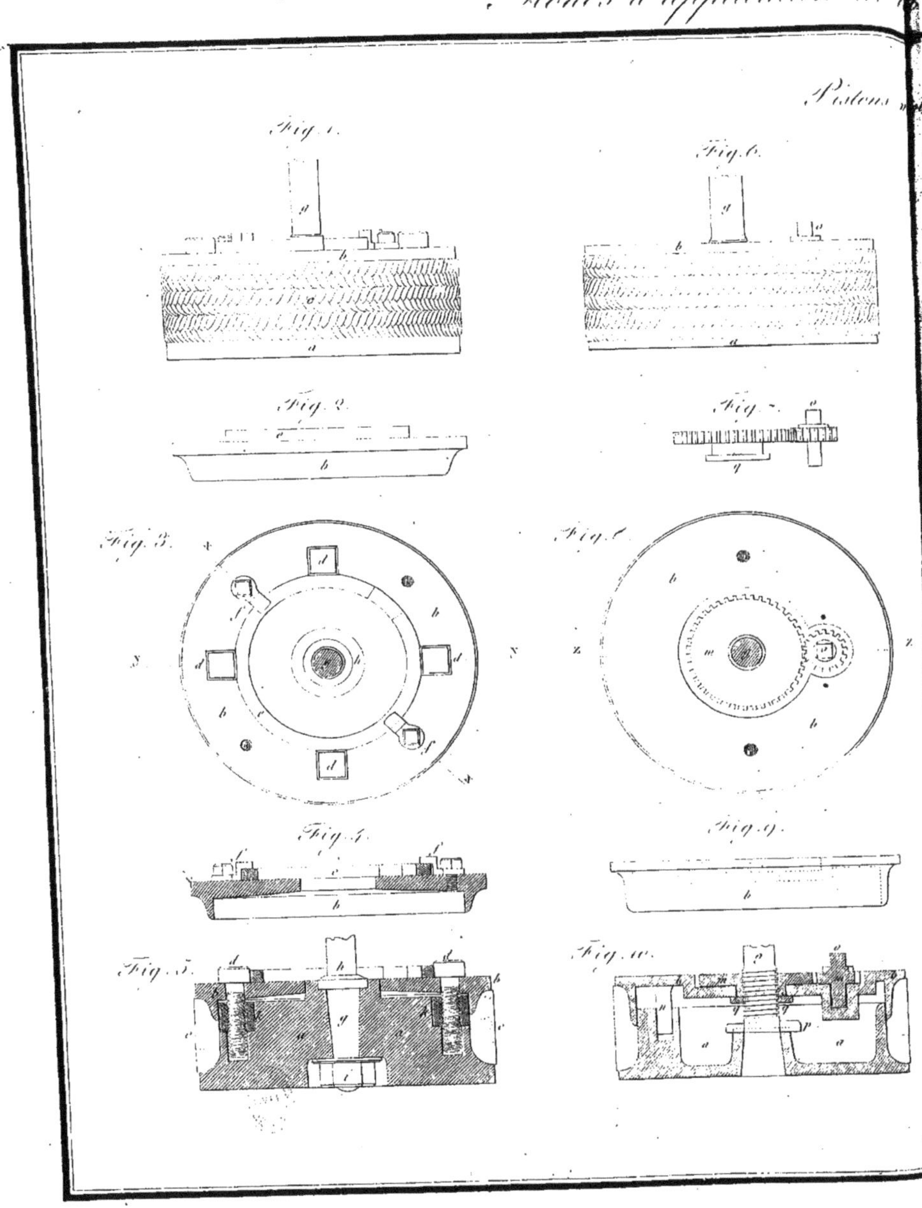
Fig. 1.
Fig. 6.
Fig. 2.
Fig. 7.
Fig. 3.
Fig. 8.
Fig. 4.
Fig. 9.
Fig. 5.
Fig. 10.

Pl. 16

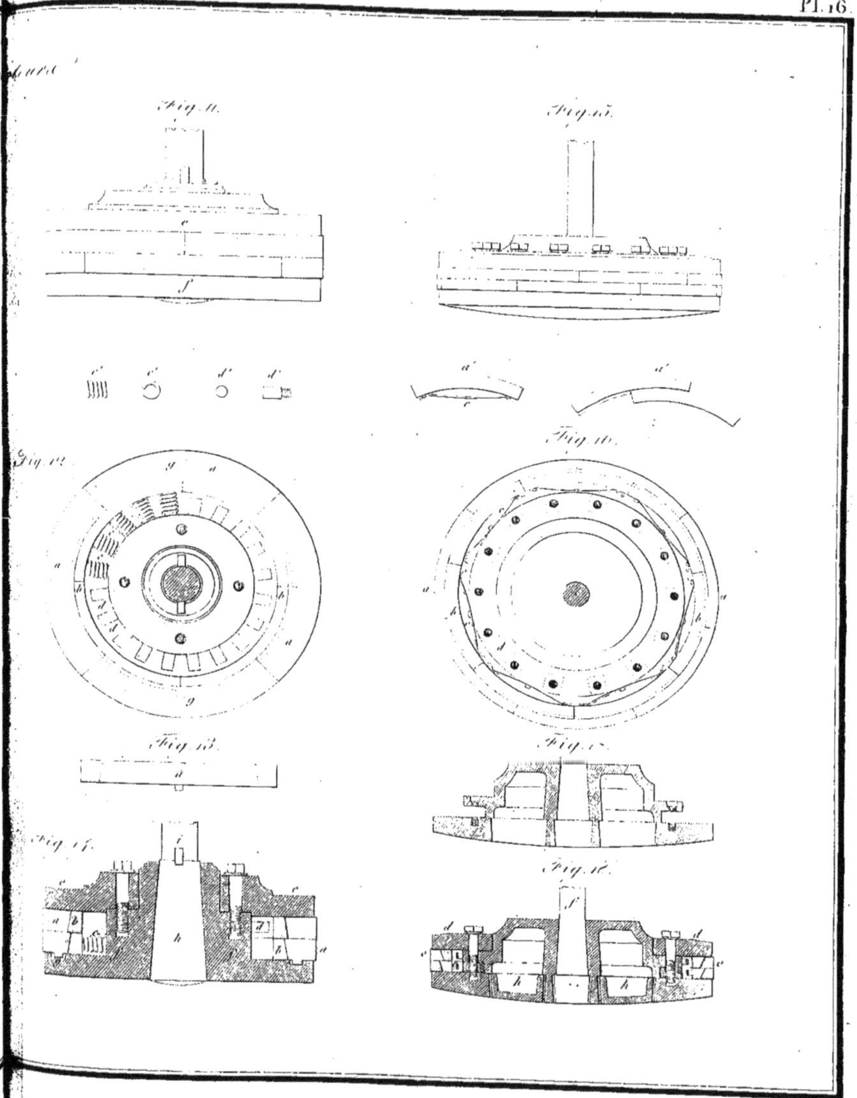

Fig. 11.

Fig. 15.

Fig. 12.

Fig. 16.

Fig. 13.

Fig. 17.

Fig. 14.

Fig. 18.

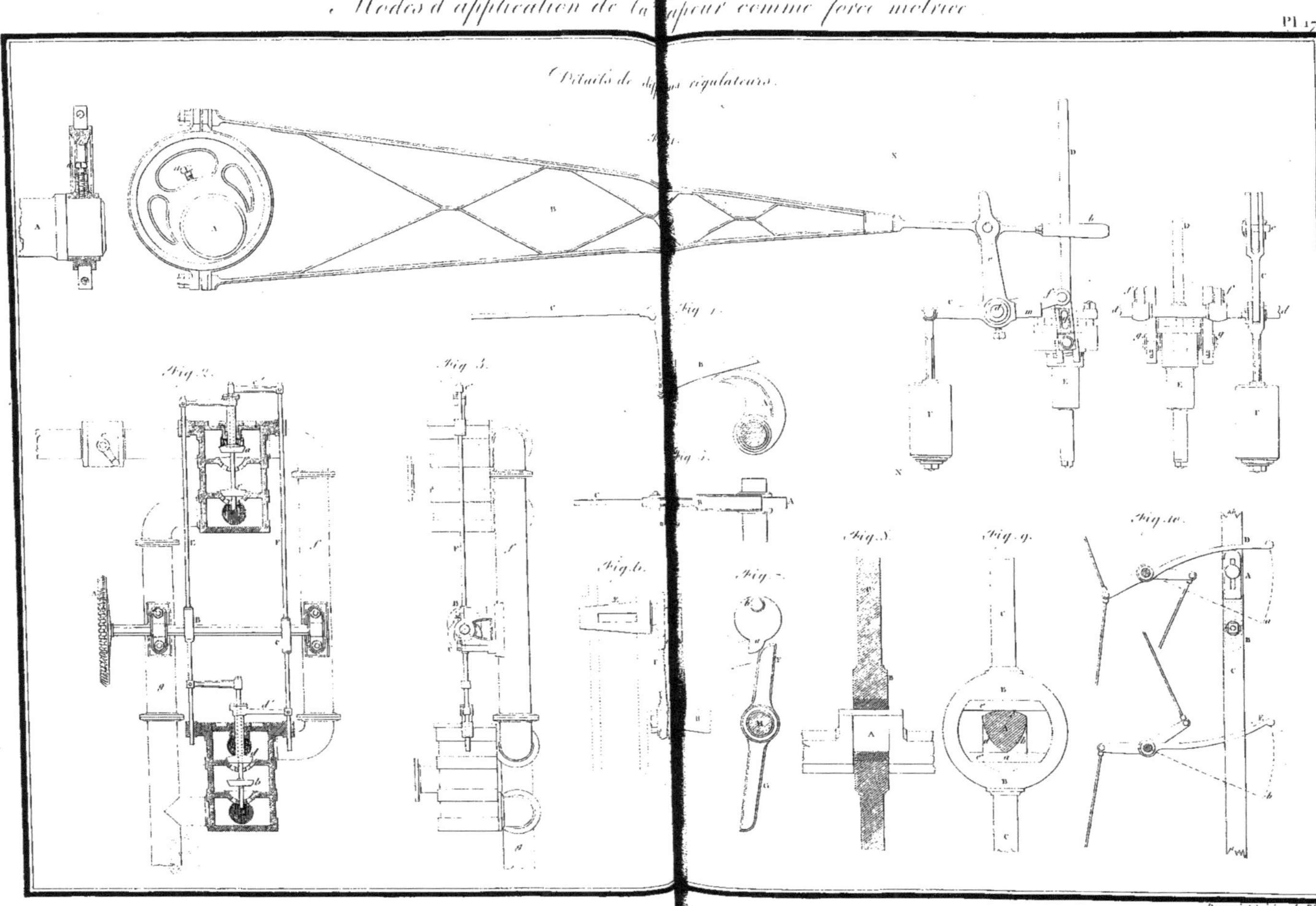

Modes d'application de la vapeur comme force motrice
Pl. 17.
Détails de divers régulateurs.
Fig. 1.
Fig. 2.
Fig. 3.
Fig. 4.
Fig. 5.
Fig. 6.
Fig. 7.
Fig. 8.
Fig. 9.
Fig. 10.
Dessiné et gravé par Le Blanc.

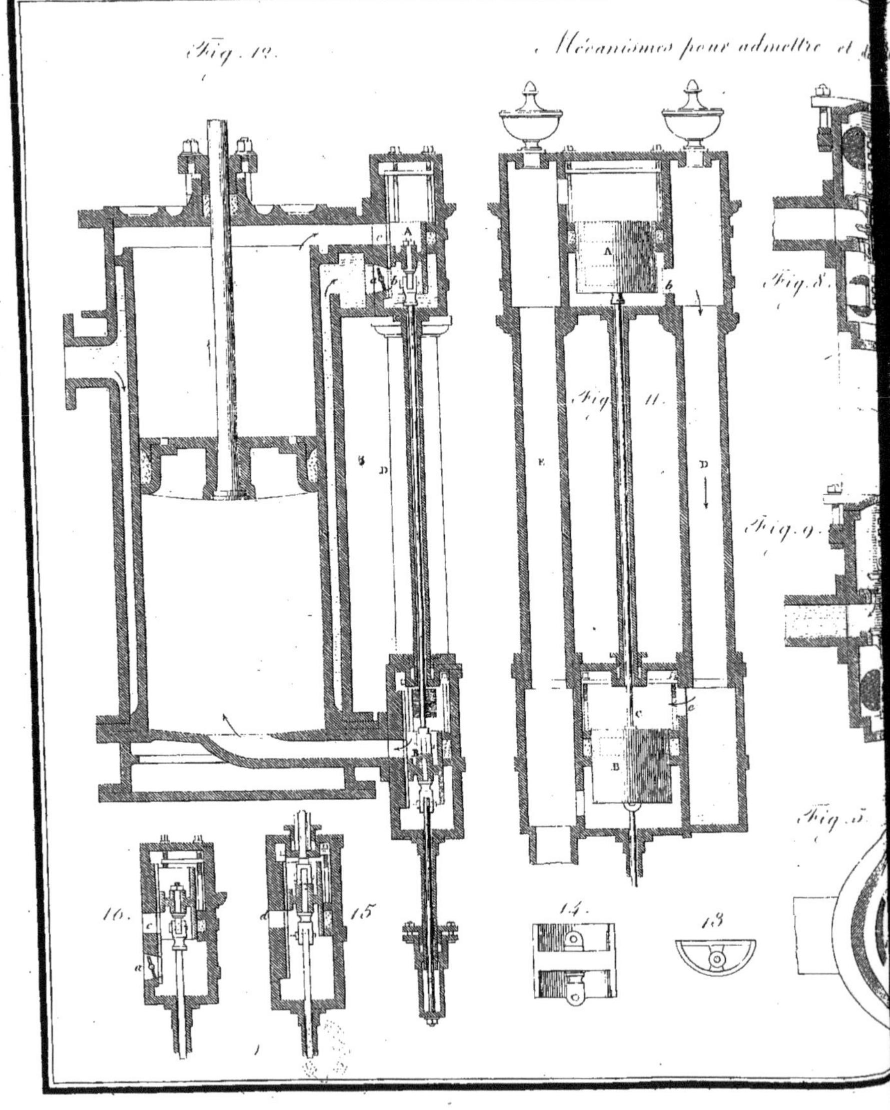

Fig. 12.
Mécanismes pour admettre et ...
Fig. 11.
Fig. 8.
Fig. 9.
Fig. 5.
16.
15.
14.
13.

Pl. 18.

...quer la vapeur .

Fig. 1er.

Fig. 6.

Fig.

Fig. 2.

Fig. 3.

Fig. 5.

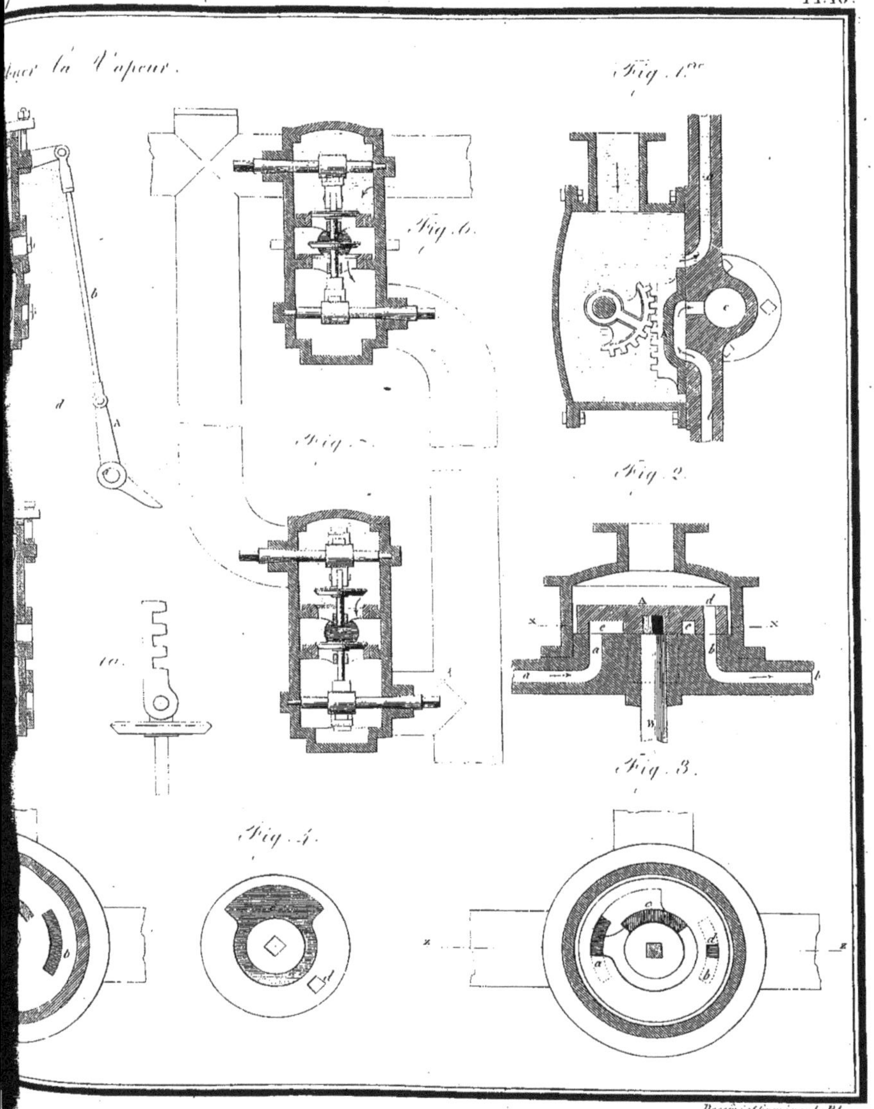

Dessiné et gravé par Le Blanc.

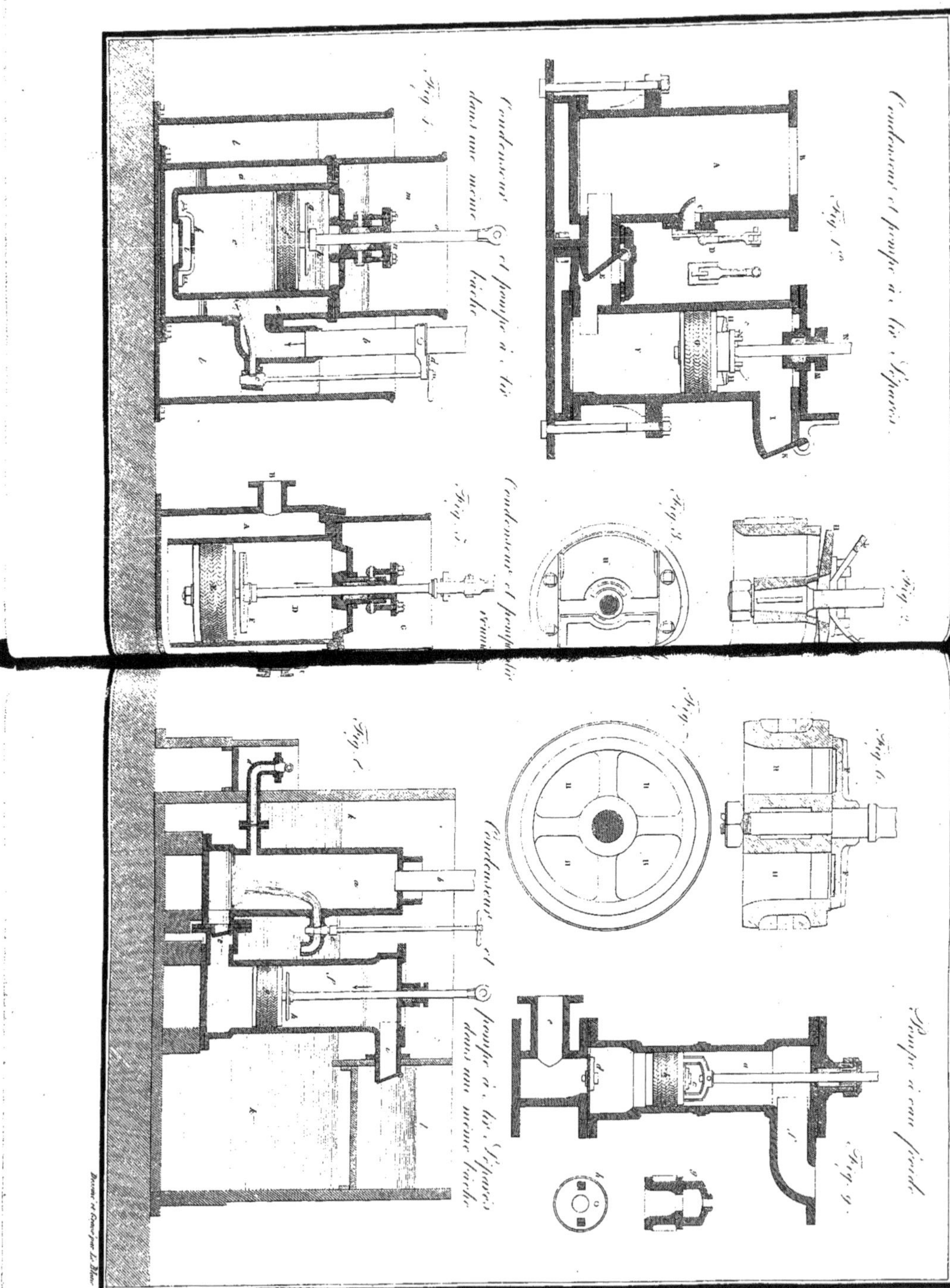

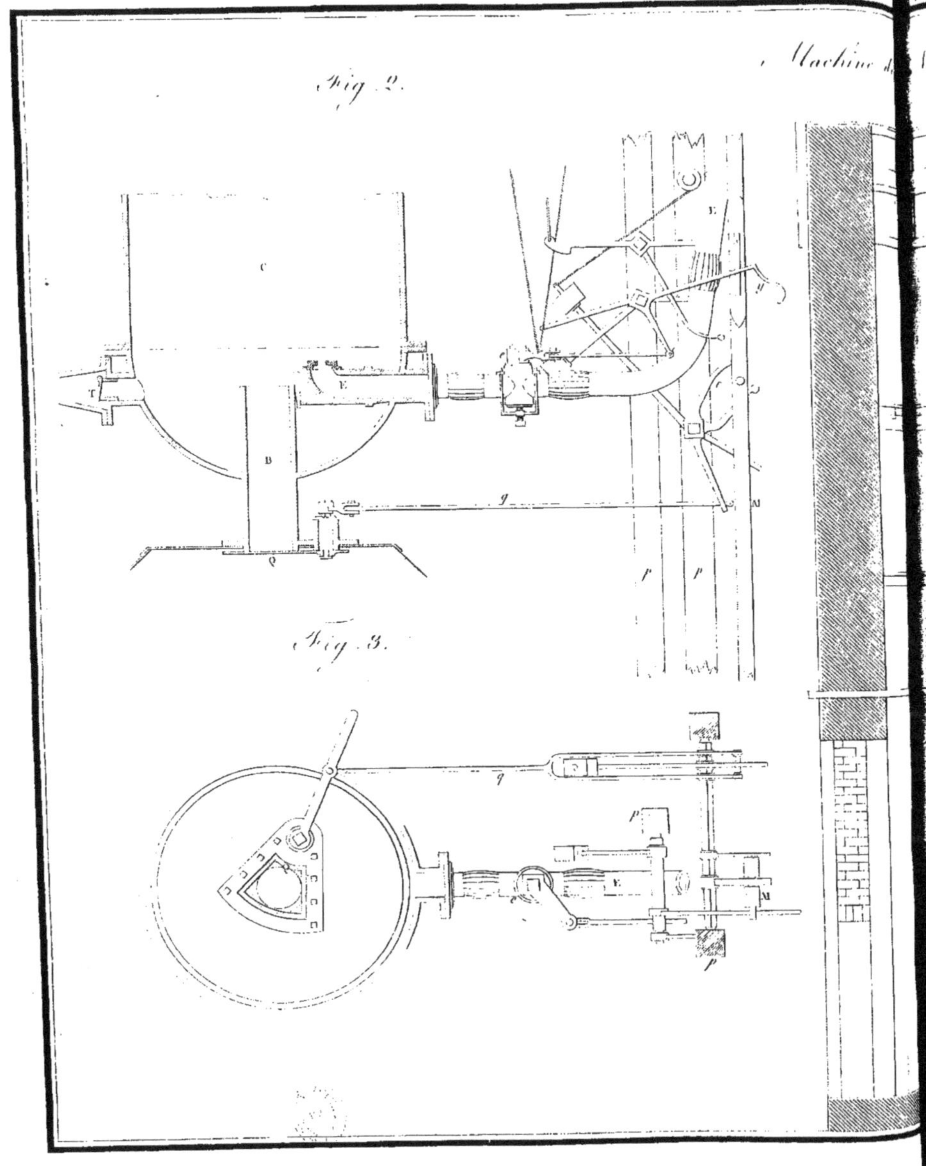

Fig. 2.
Fig. 3.

la vapeur comme force motrice.
Pl. 20.
Machine de Newcomen.
Fig. 1re.
Dessiné et Gravé par Le Blanc.

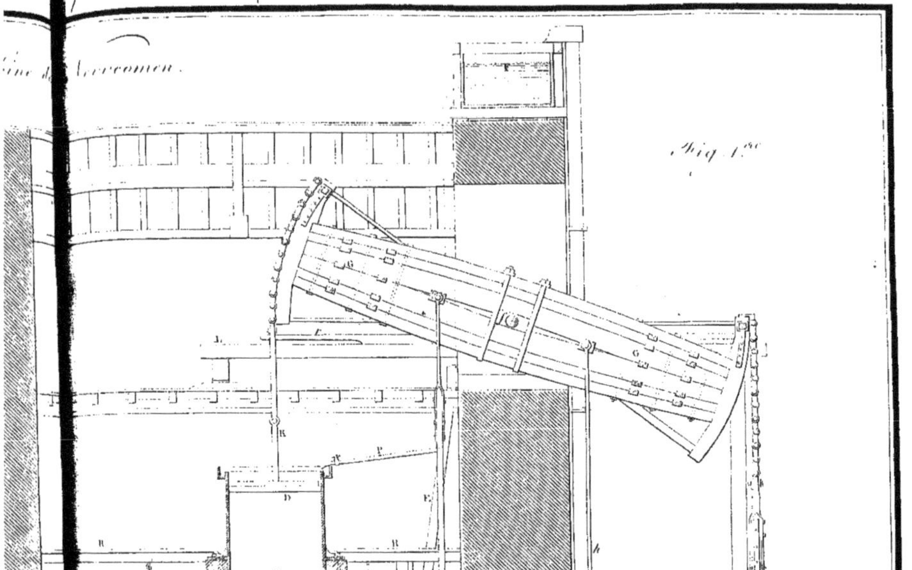

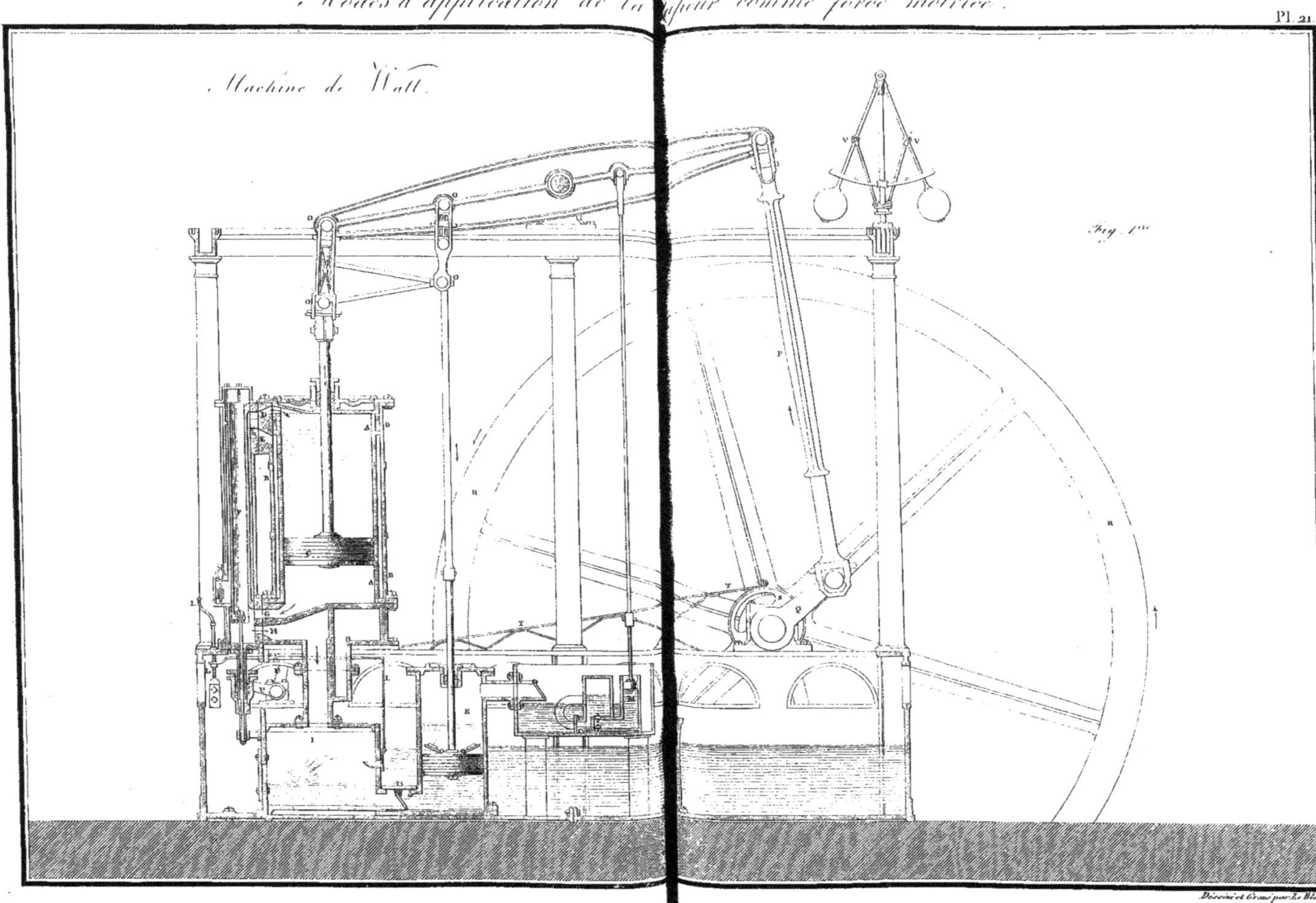

Modes d'application de la vapeur comme force motrice.
Machine de Watt.
Fig. 1re
Pl. 21
Dessiné et Gravé par Le Blanc.

Coupe du tiroir

Fig. 2.

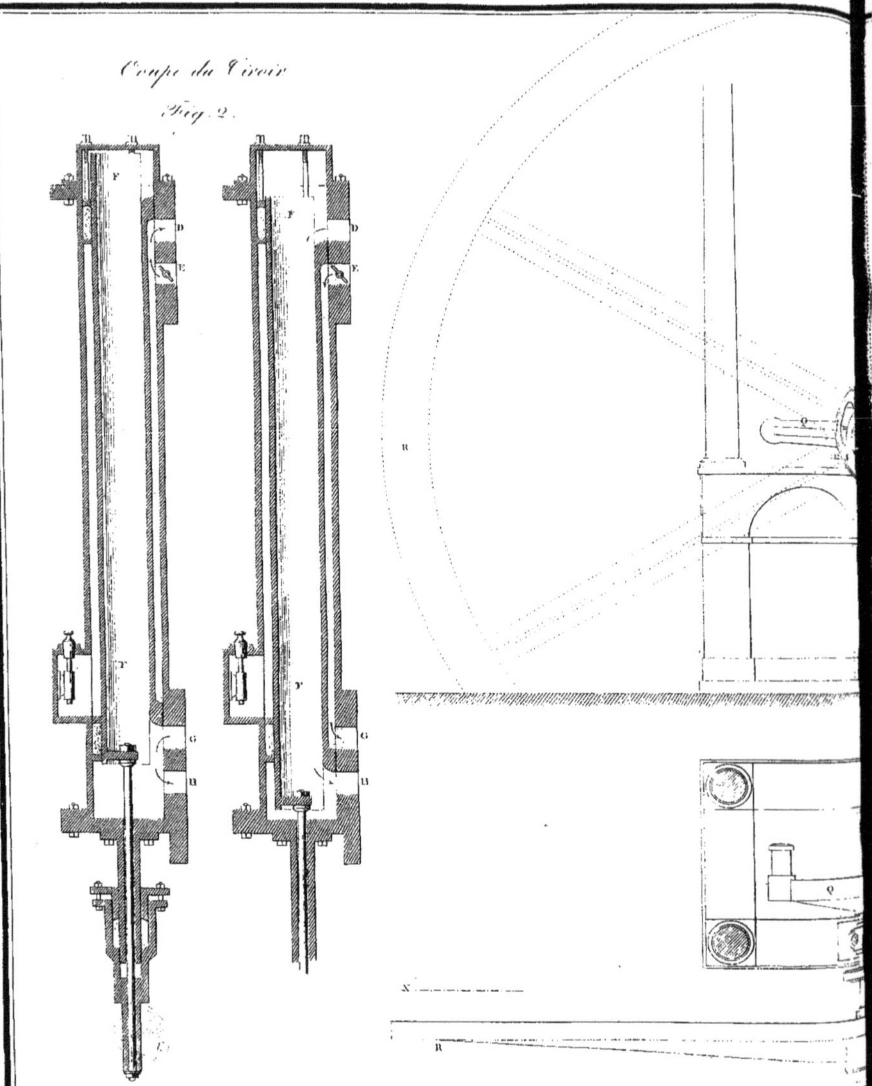

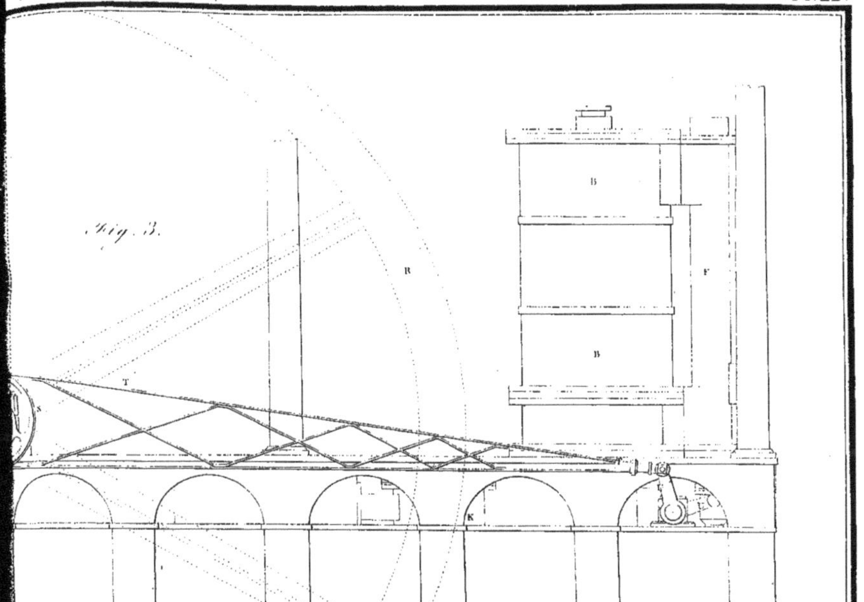

Dessiné et Gravé par Le Blanc.

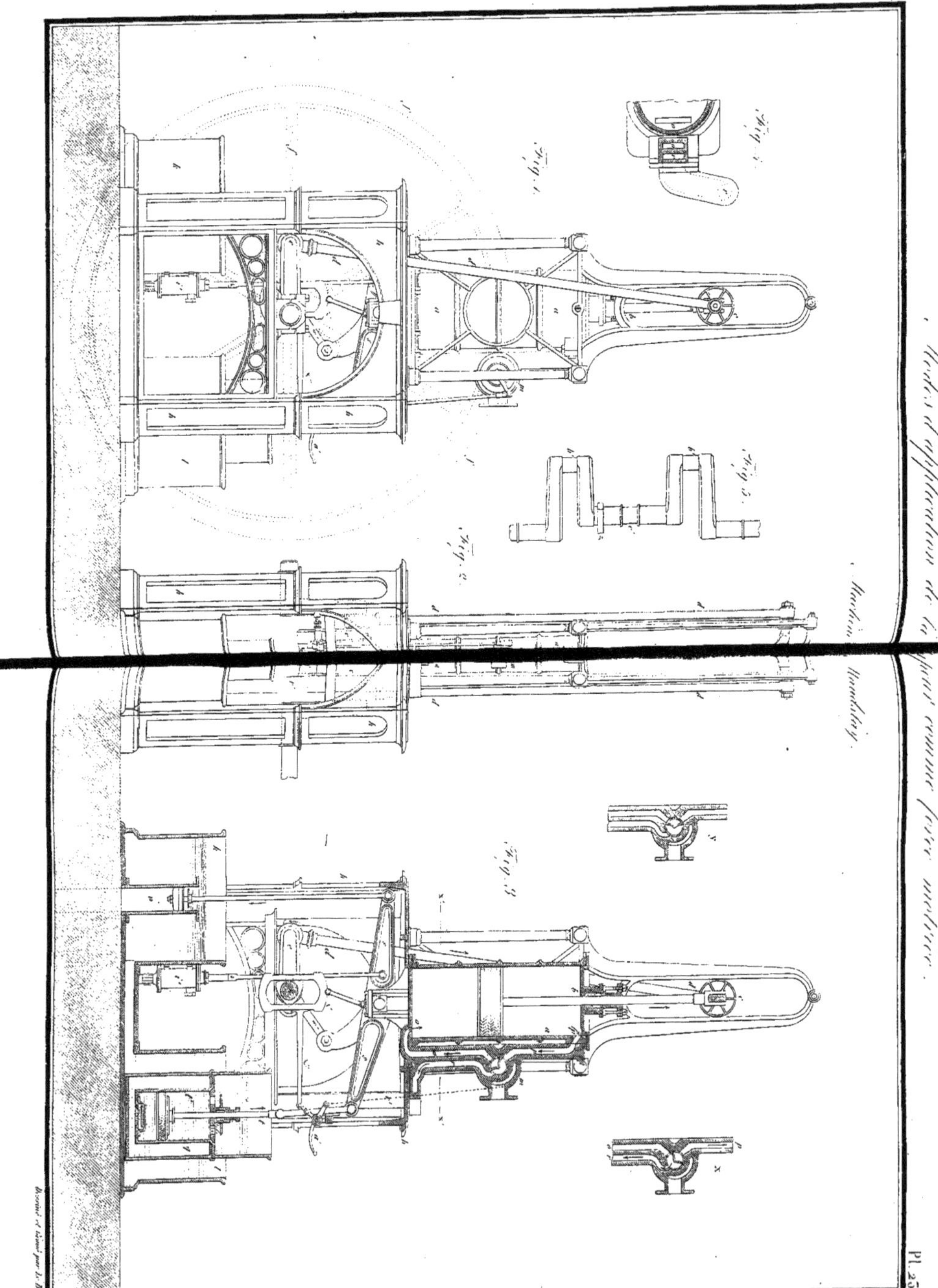

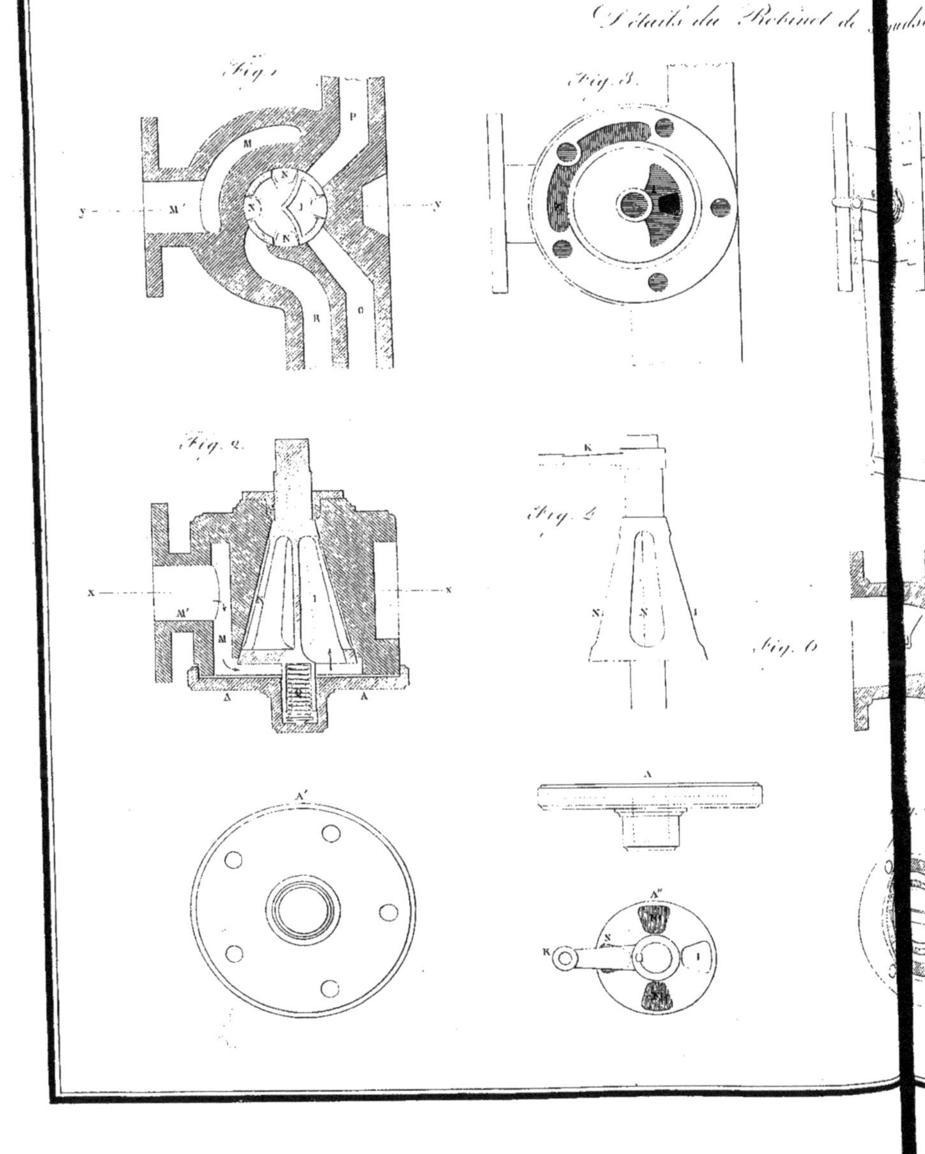

Modes d'application de la Vapeur
Détails du Robinet de Gondslae
Fig. 1
Fig. 2
Fig. 3
Fig. 4
Fig. 5
Fig. 6

... udslay et du Modérateur.

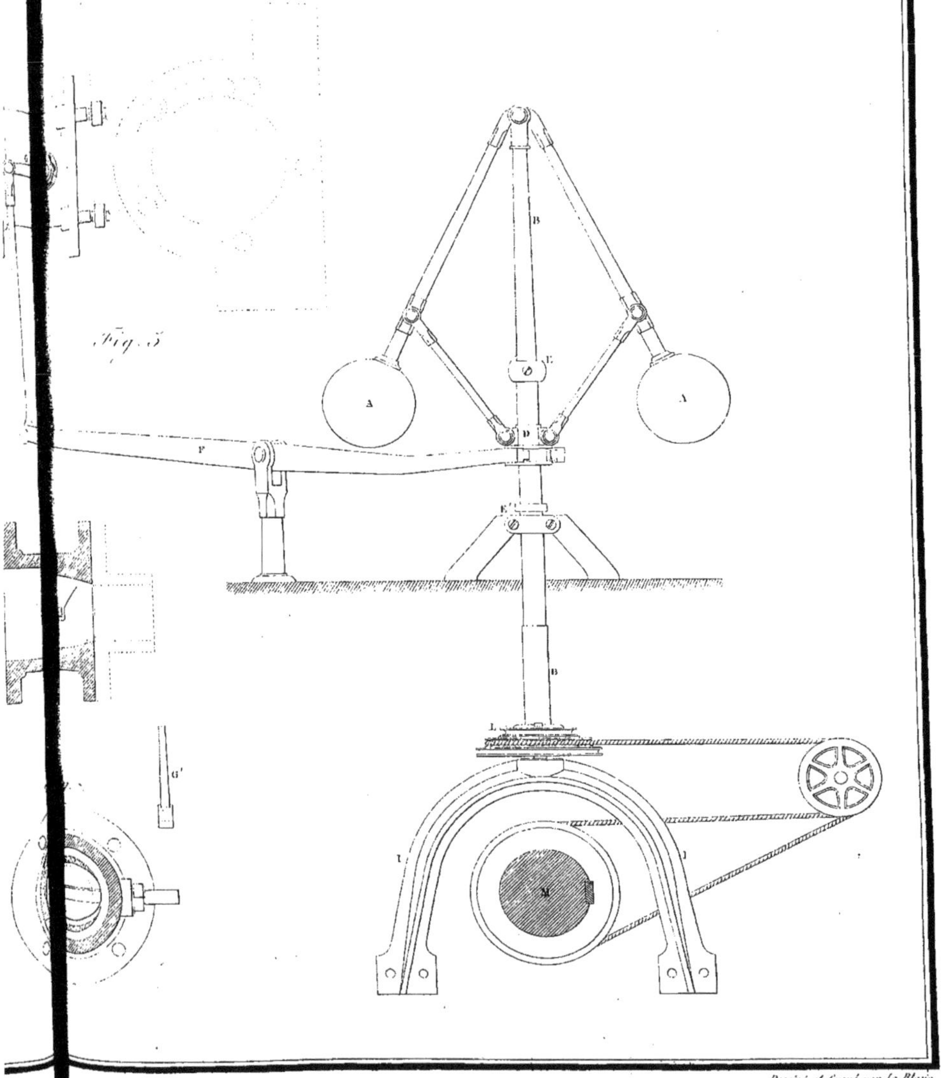

Modes d'application de la vapeur comme force motrice.

Pl. 25.

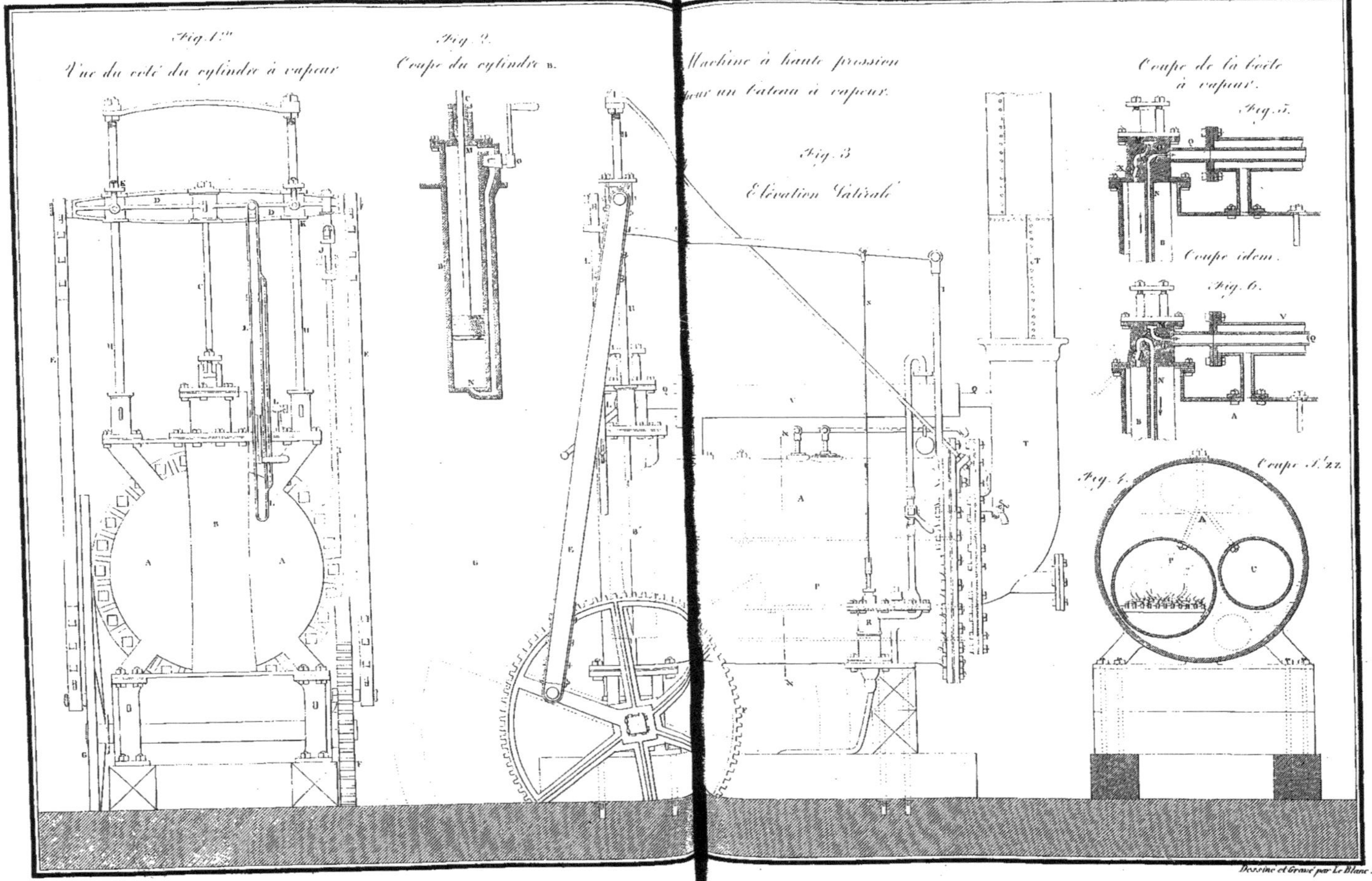
Fig. 1.re
Vue du côté du cylindre à vapeur
Fig. 2.
Coupe du cylindre B.
Machine à haute pression pour un bateau à vapeur.
Fig. 3
Élévation Latérale
Coupe de la boîte à vapeur.
Fig. 5.
Coupe idem.
Fig. 6.
Fig. 4.
Coupe S. Z.

Dessiné et Gravé par Le Blanc.

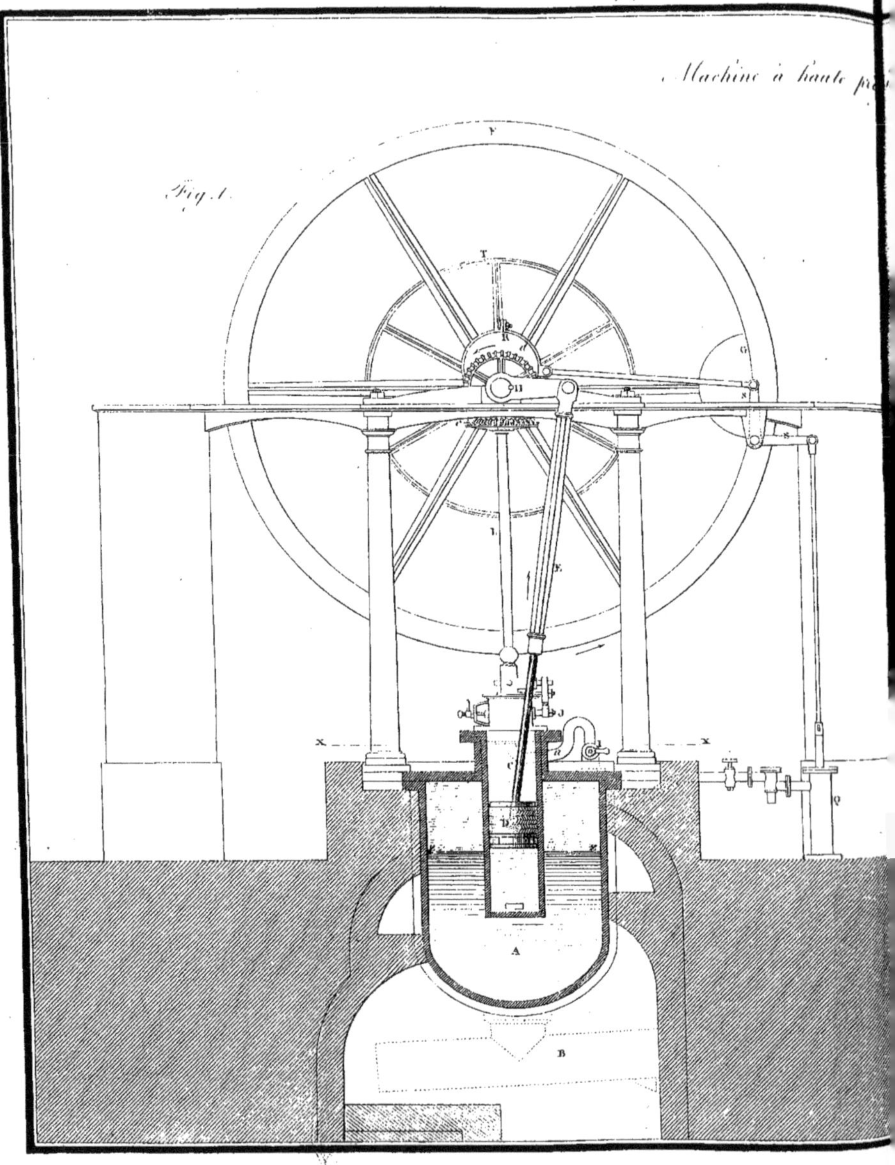

Fig. 1.

...sion à simple effet.

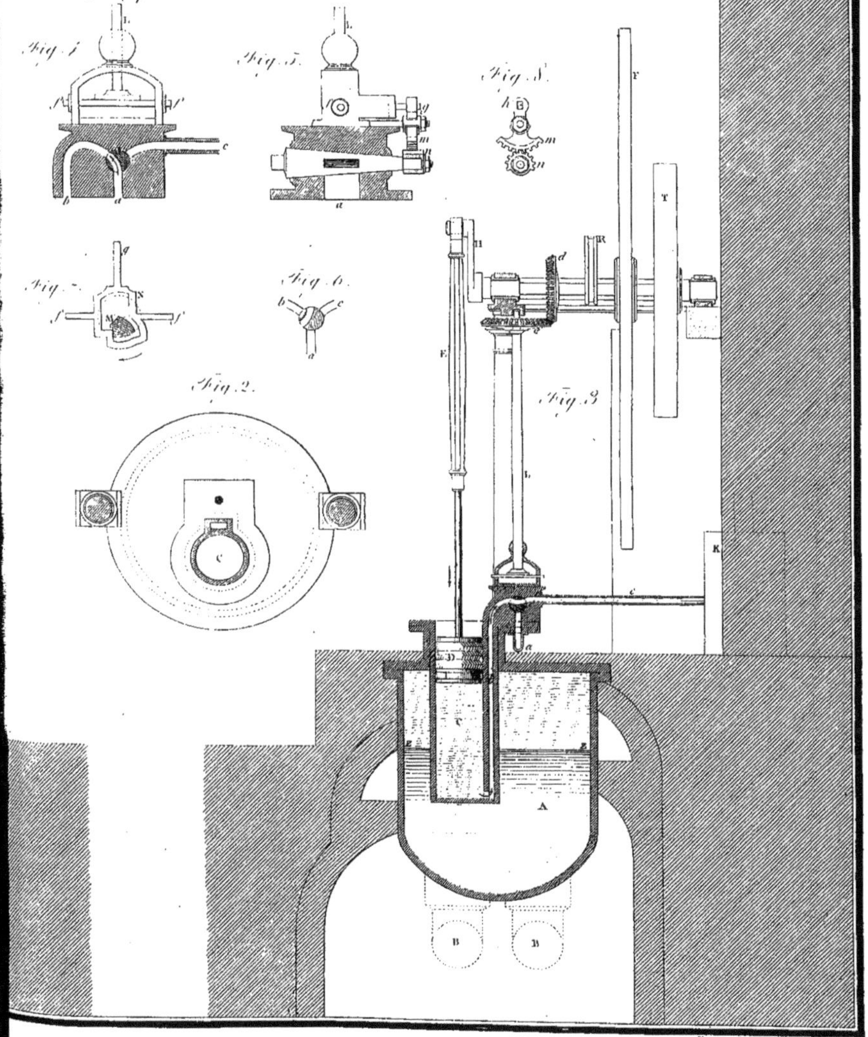

Fig. 1

Fig. 5.

Fig. 8.

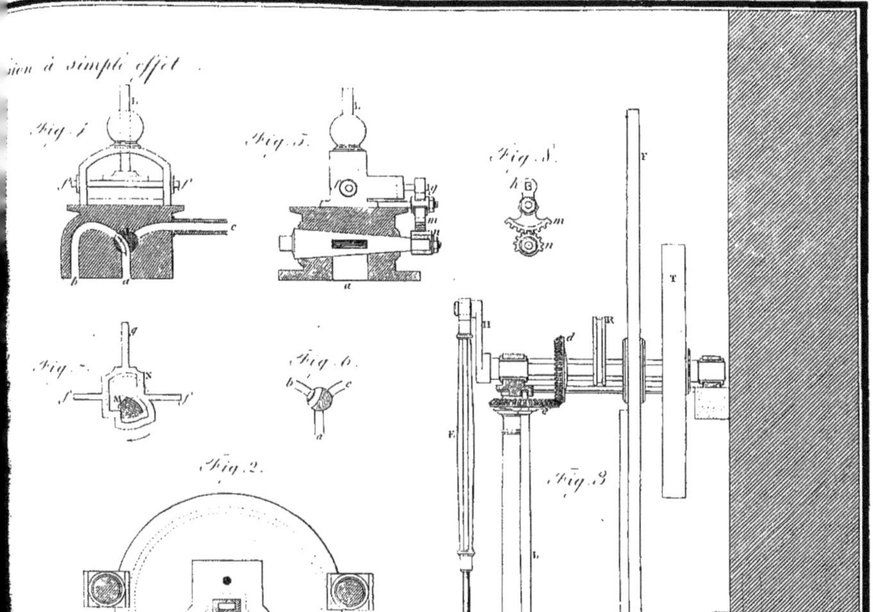

Fig. 4

Fig. 6.

Fig. 2.

Fig. 3.

Pl. 27

Cylindres et boîte à vapeur de la Machine de Mr. Edwards.
Fig. 8.
Fig. 11.
Fig. 5.
Fig. 7.
Fig. 6.
Fig. 9.
Fig. 10.
Fig. 3.
Fig. 1.
Fig. 4.
Fig. 2.
Dessiné et Gravé par Le Blanc.

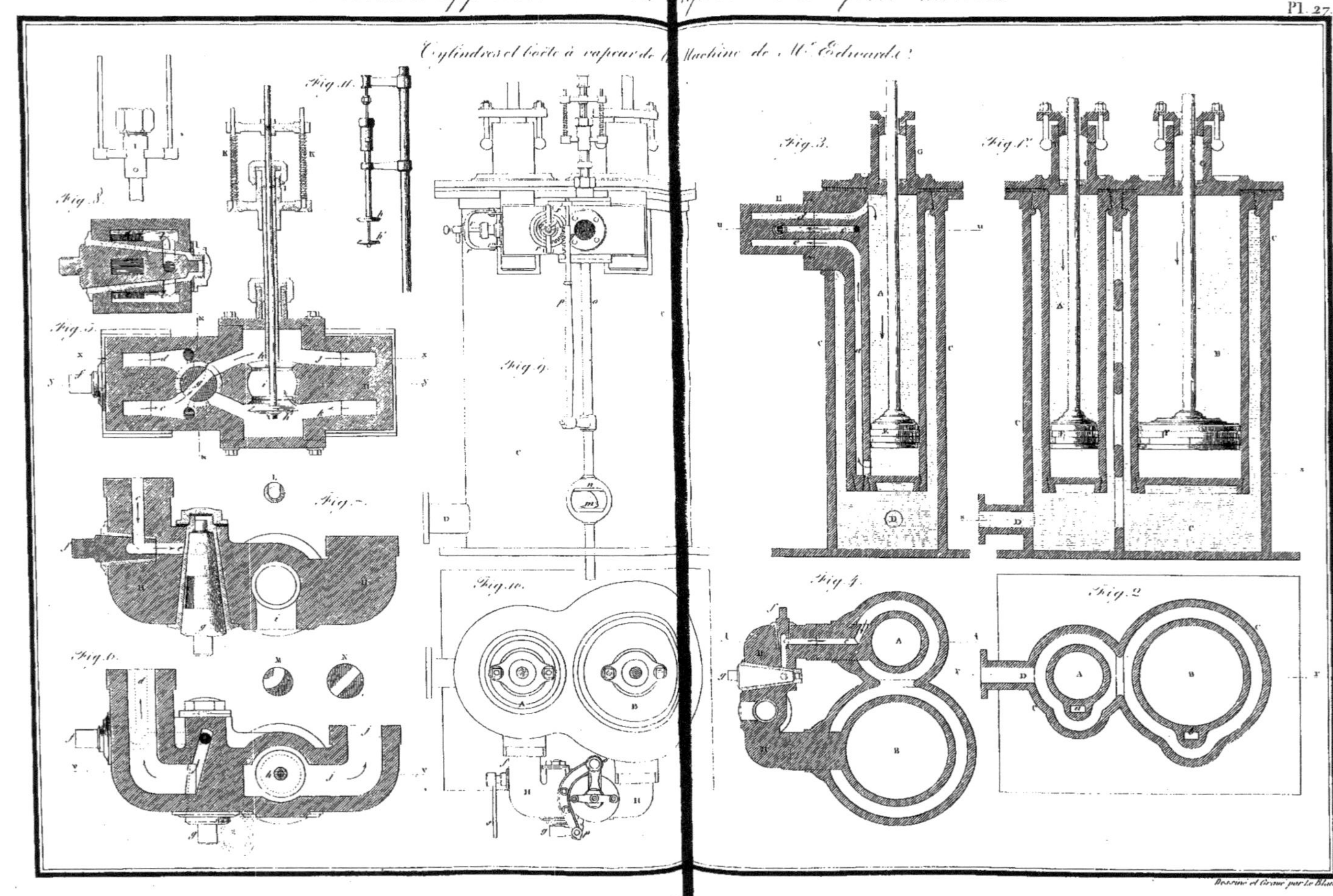

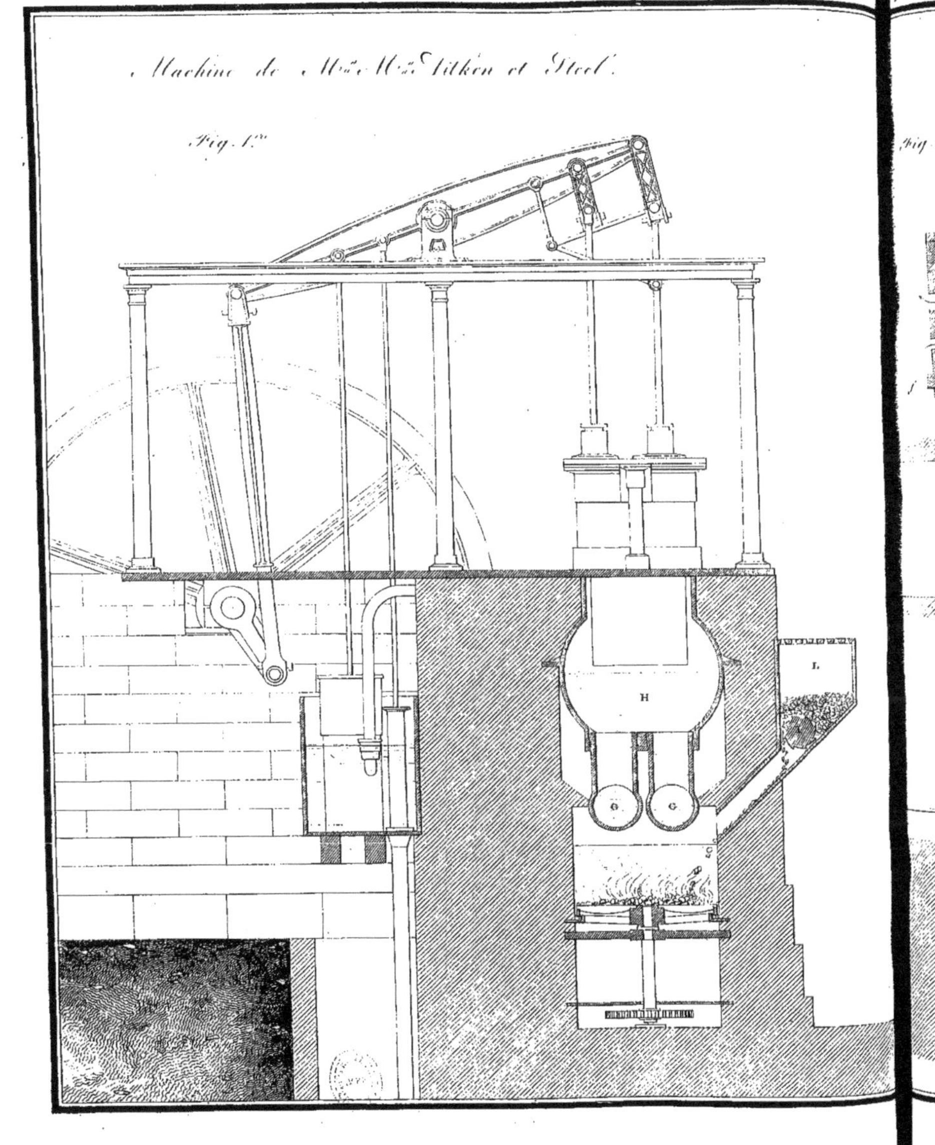
Machine de MM. Aitken et Steel.
Fig. 1re
Fig. 5
H
G G
L

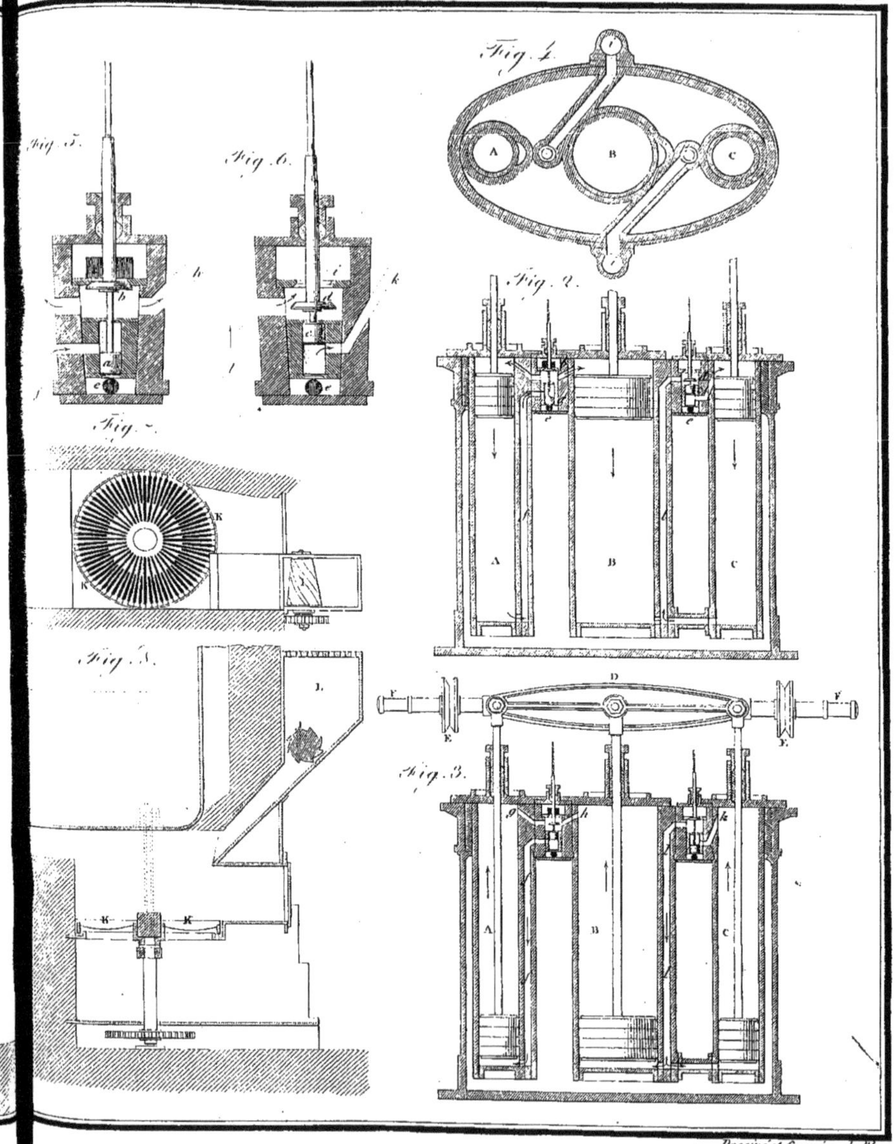
Fig. 4.
A
B
C
Fig. 5.
Fig. 6.
Fig. 2.
A
B
C
Fig. 7.
K
K
Fig. 3.
L
K
K
F
D
F
E
E
g
h
k
A
B
C
Fig. 3.

Modes d'application de la vapeur comme force motrice.

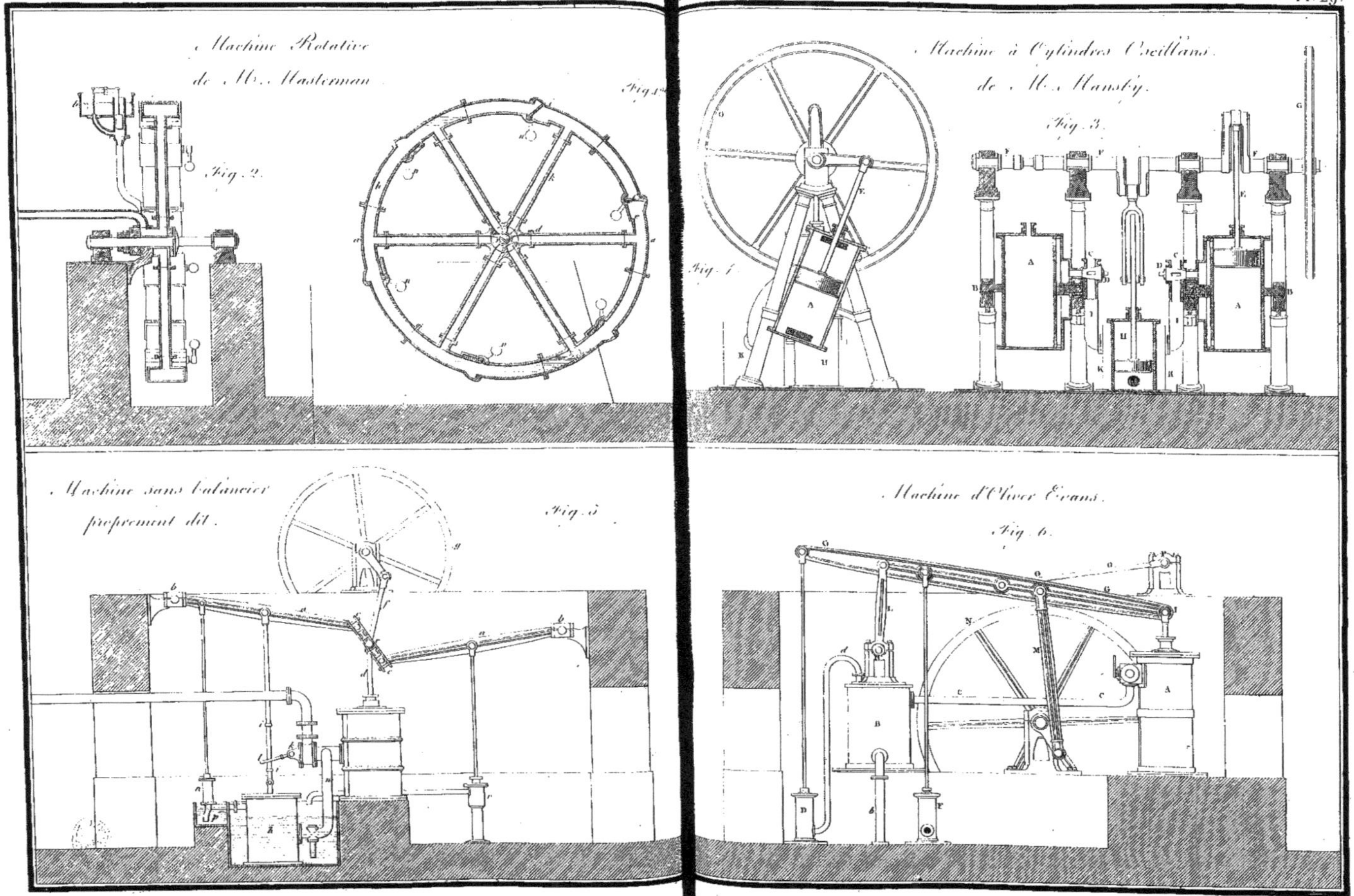

Machine Rotative
de M. Masterman
Fig. 1re
Fig. 2.
Machine à Cylindres Oscillans
de M. Mansby.
Fig. 3.
Fig. 4.
Machine sans balancier
proprement dit.
Fig. 5.
Machine d'Olivier Evans.
Fig. 6.

Dessiné et Gravé par Le Blanc.

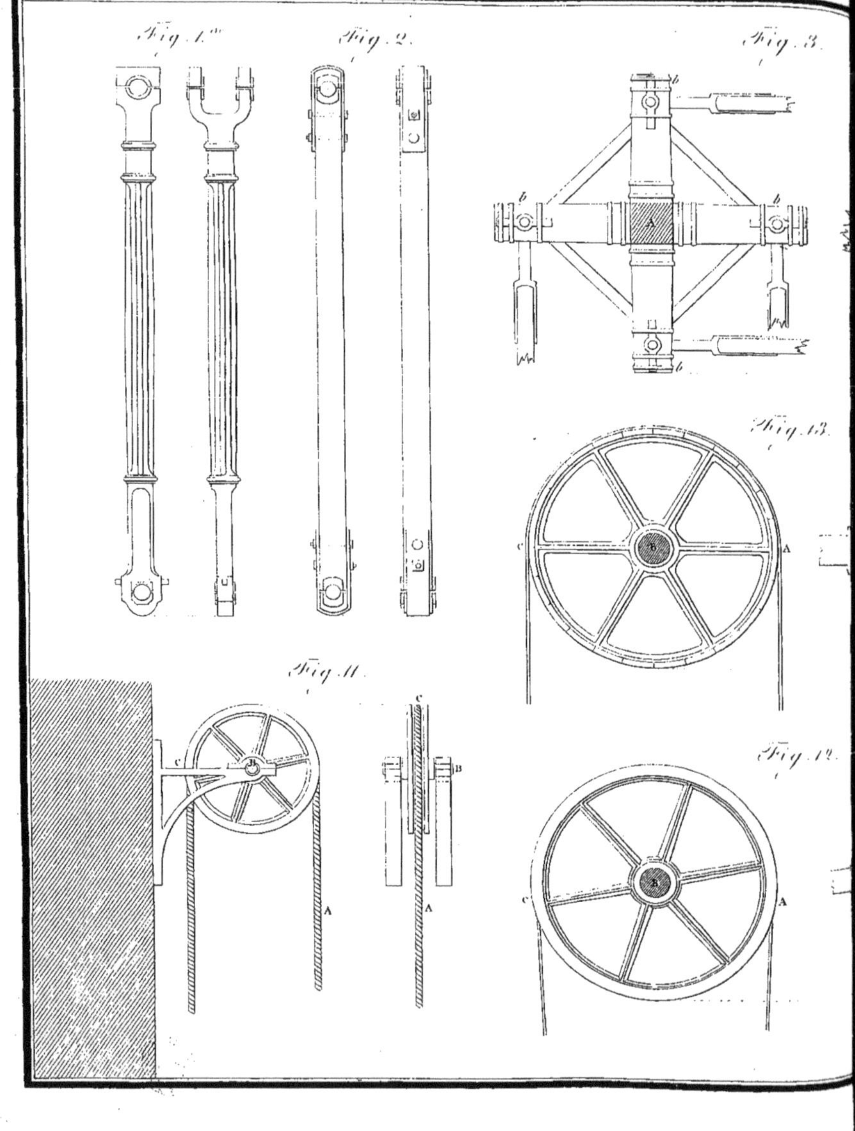

Fig. 1.
Fig. 2.
Fig. 3.
b
b
b
A
b
Fig. 13.
c
B
A
Fig. 11.
C
c
B
C
A
A
Fig. 12.
B
c
A

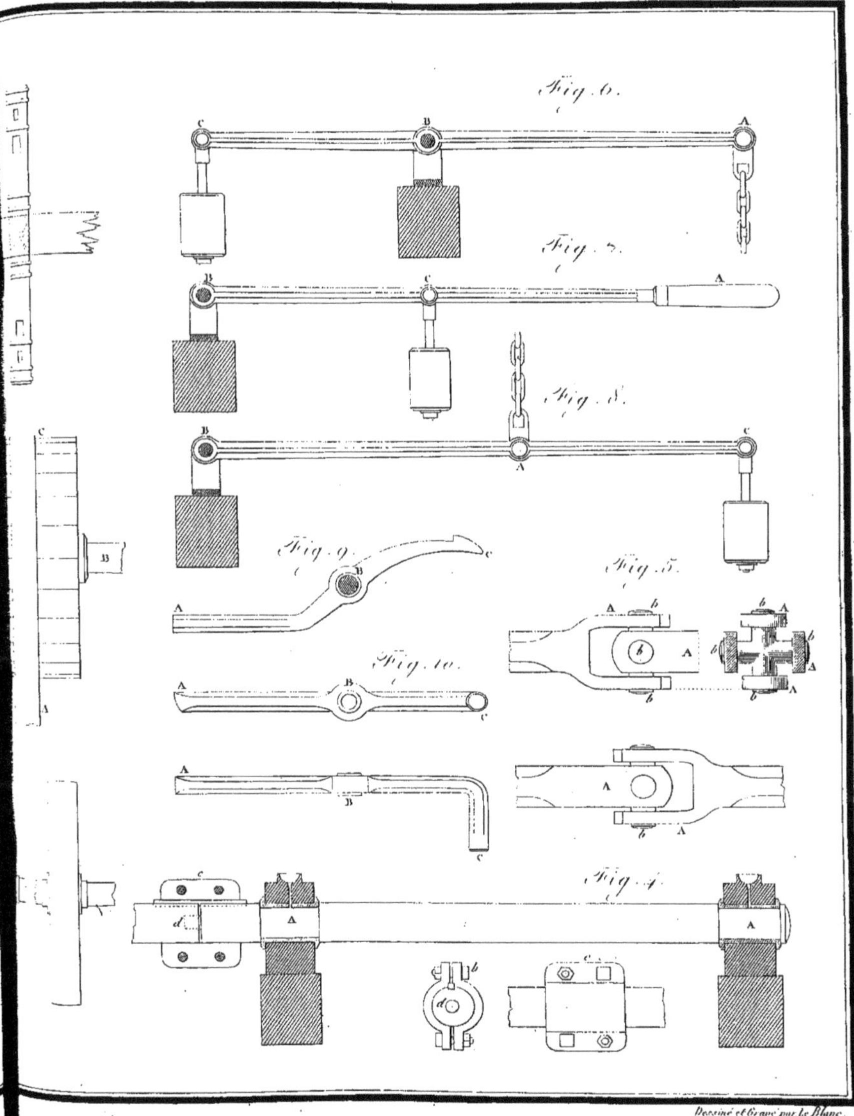
Fig. 6.
Fig. 7.
Fig. 8.
Fig. 9.
Fig. 5.
Fig. 10.
Fig. 4.
Dessiné et Gravé par Le Blanc.

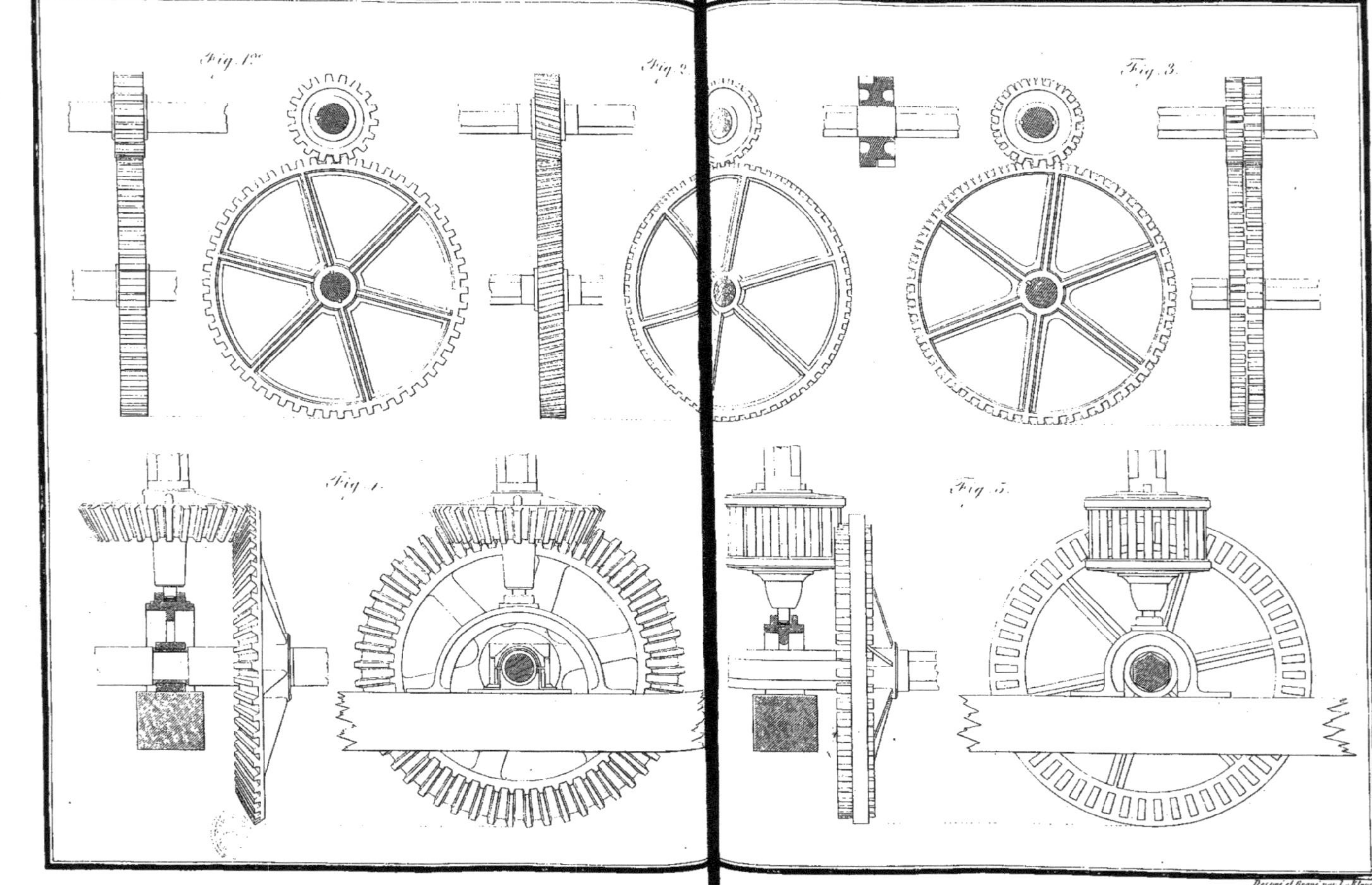
Fig. 1er
Fig. 2
Fig. 3
Fig. 4
Fig. 5
Pl. 51.
Dessiné et Gravé par L. Blanc.

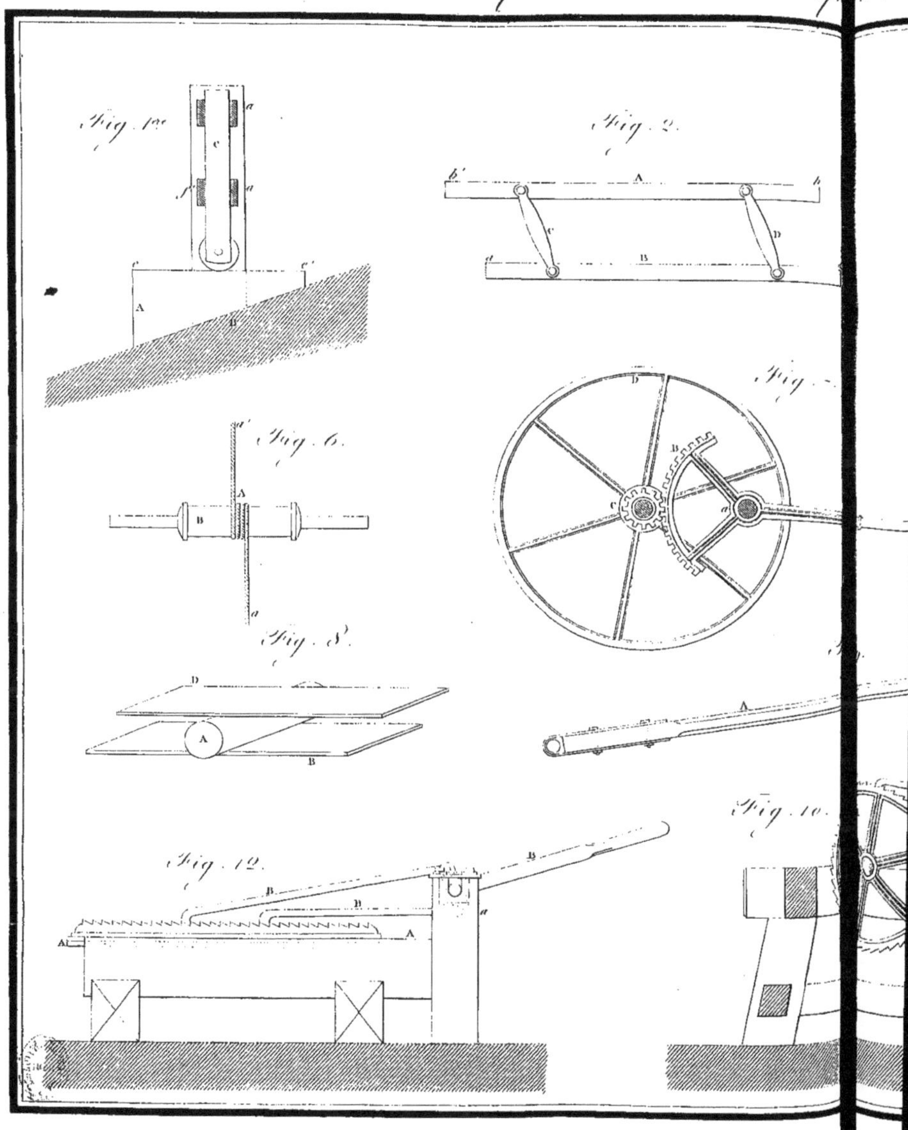
Fig. 1.
Fig. 2.
Fig. 6.
Fig. 8.
Fig. 12.
Fig. 10.

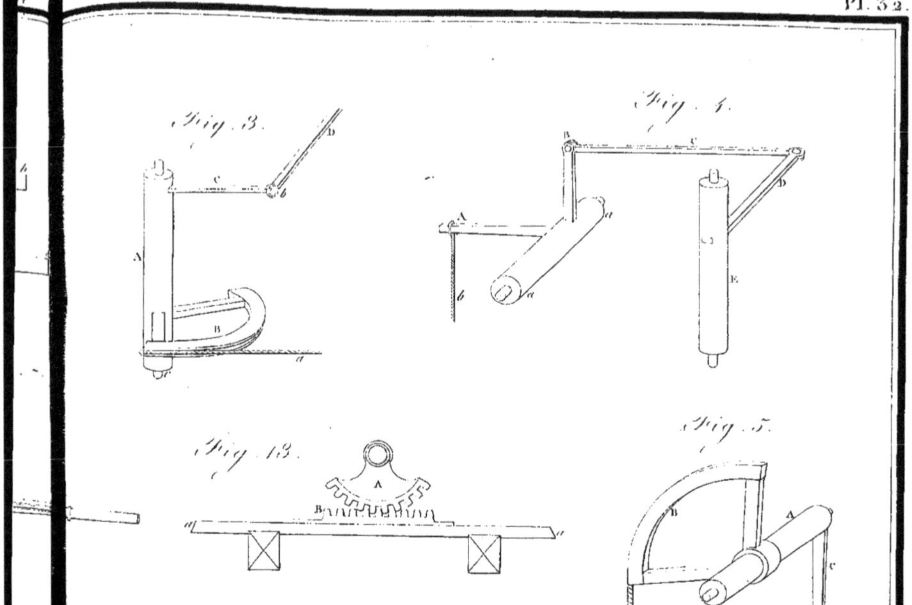

Fig. 3.
Fig. 4.
Fig. 13.
Fig. 5.
Fig. 11.

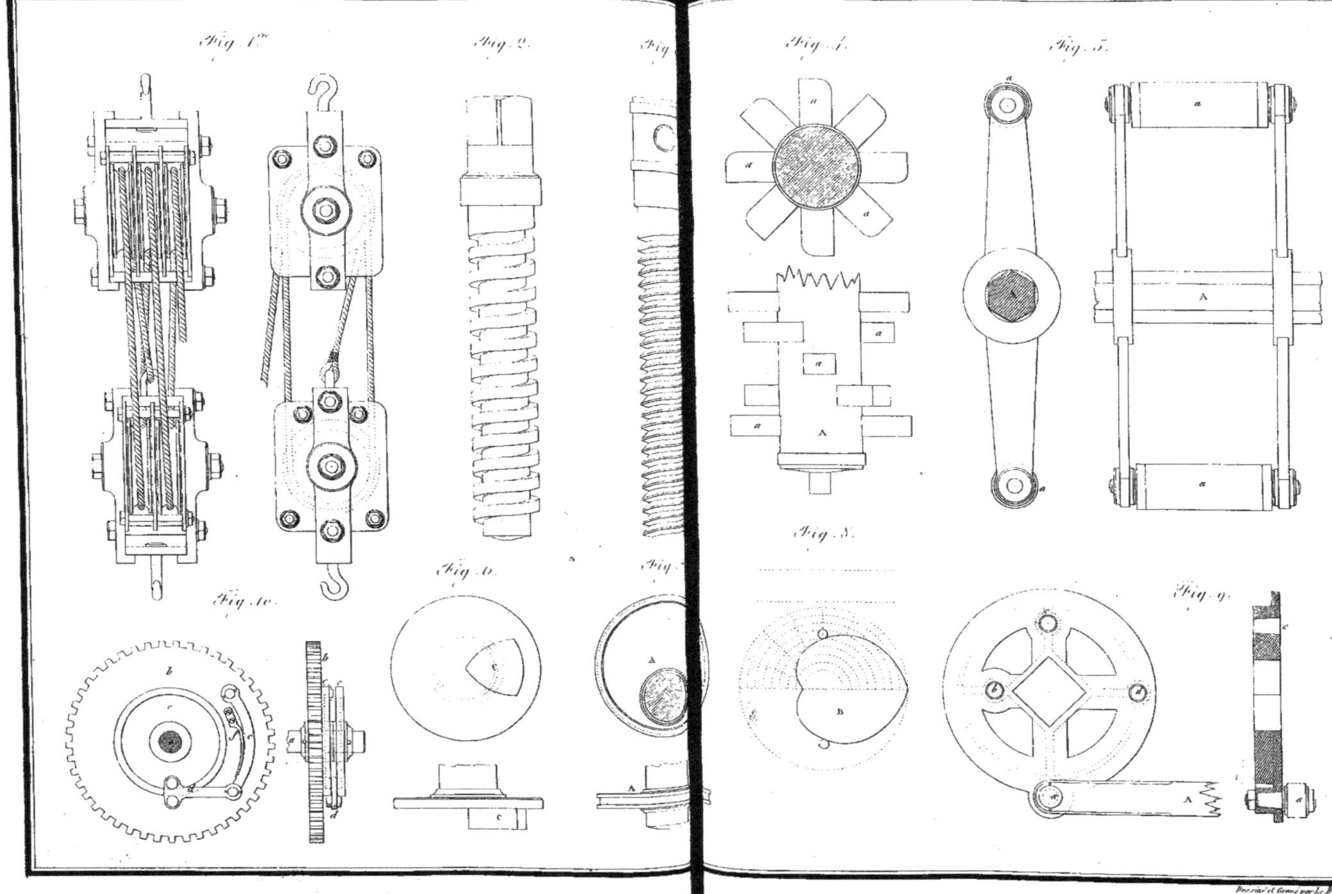

Dessiné et Gravé par Le Blanc.

Fig. 1.
Fig. 3.
Fig. 14.
Fig. 13.
Fig. 15.
Fig. 9.

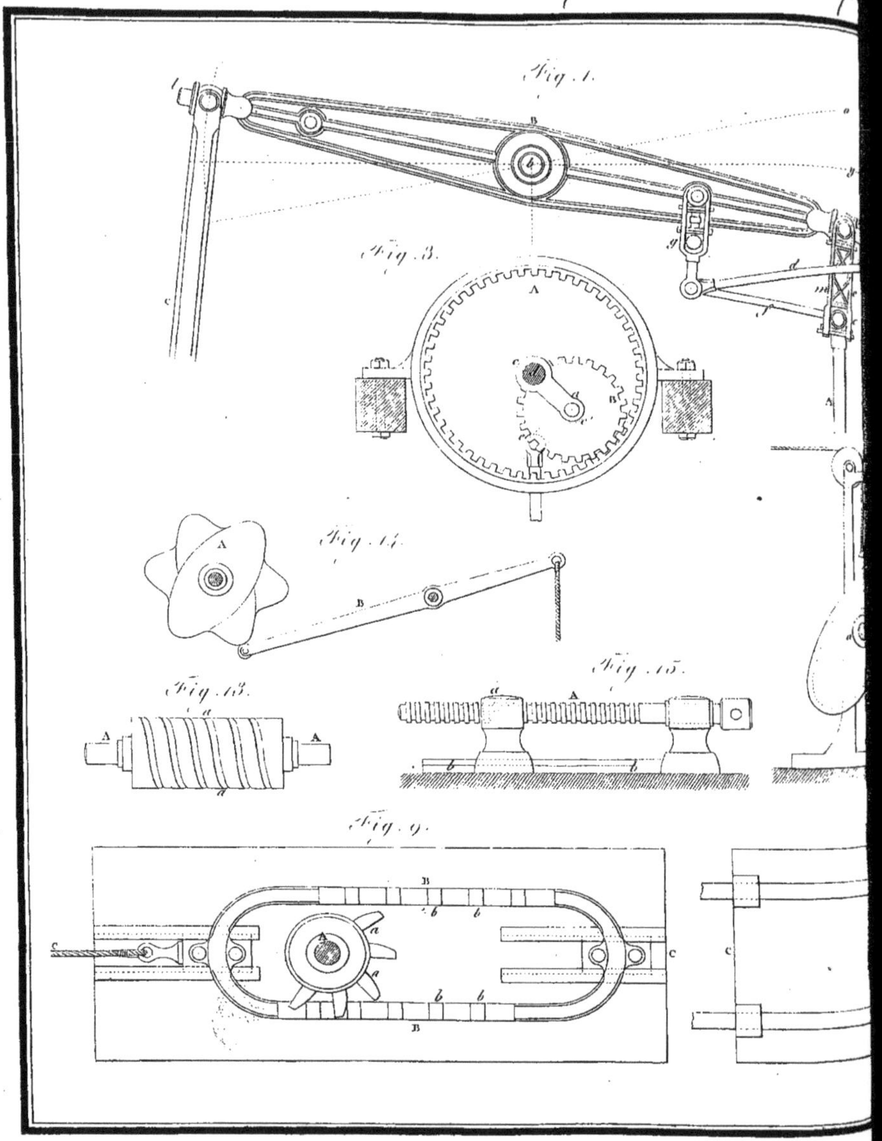

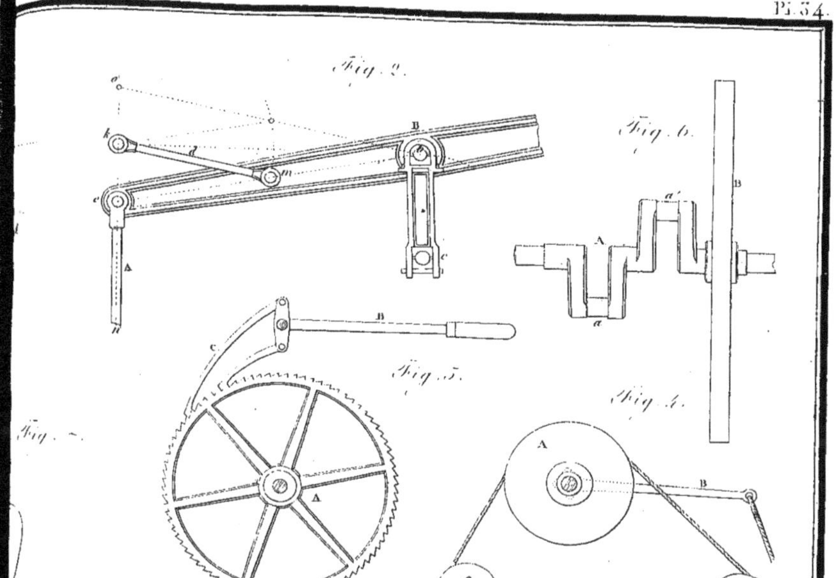

Pl. 34.
Fig. 2.
Fig. 6.
Fig. 5.
Fig. 4.
Fig. 12.
Fig. 11.
Fig. 10.
A
B
Dessiné et Gravé par Le Blanc.

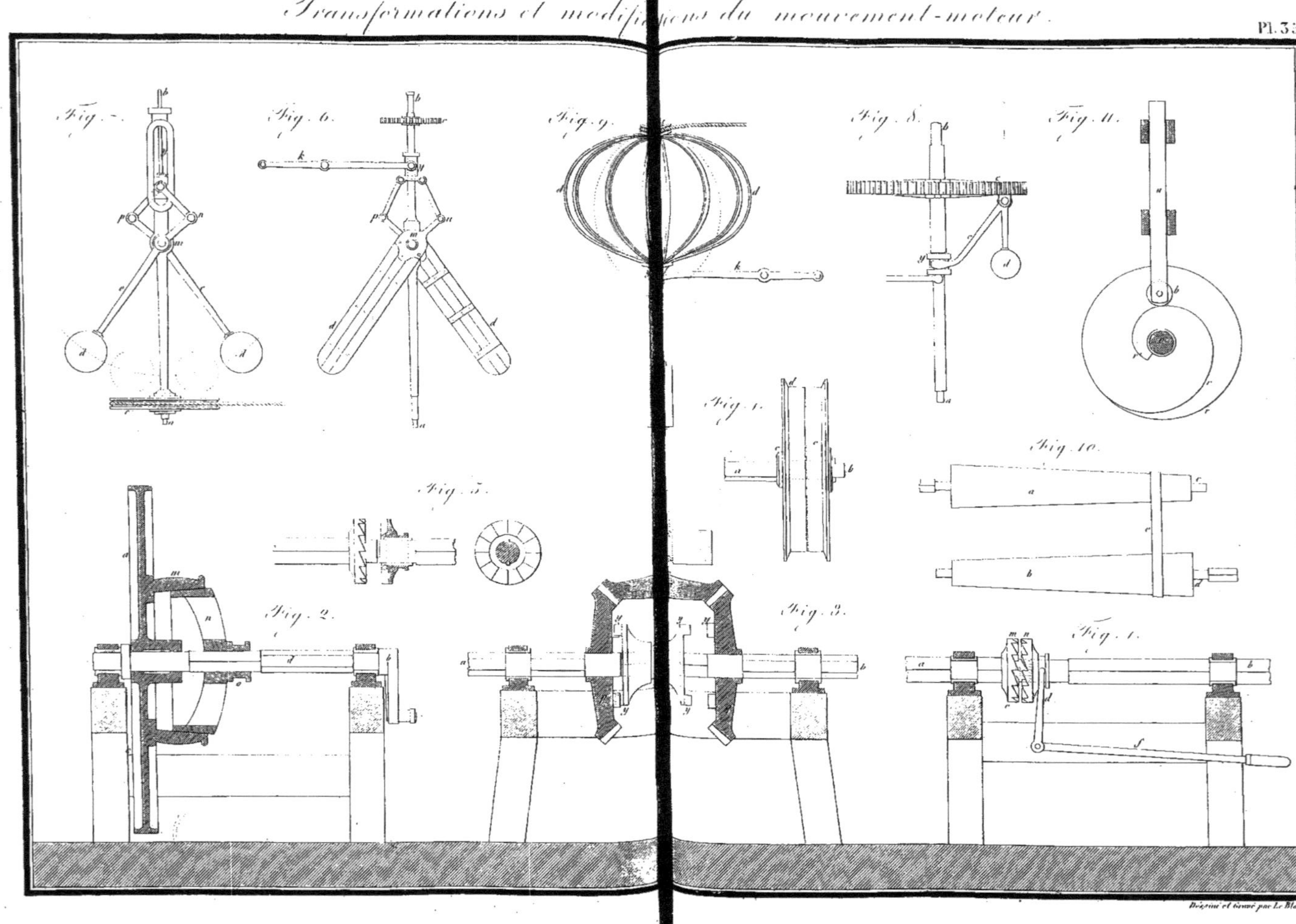

Transformations et modifications du mouvement-moteur.
Pl. 33.
Fig. 7.
Fig. 6.
Fig. 9.
Fig. 8.
Fig. 11.
Fig. 1.
Fig. 10.
Fig. 5.
Fig. 2.
Fig. 3.
Fig. 4.
Dessiné et gravé par Le Blanc.

Transformations et modifi...

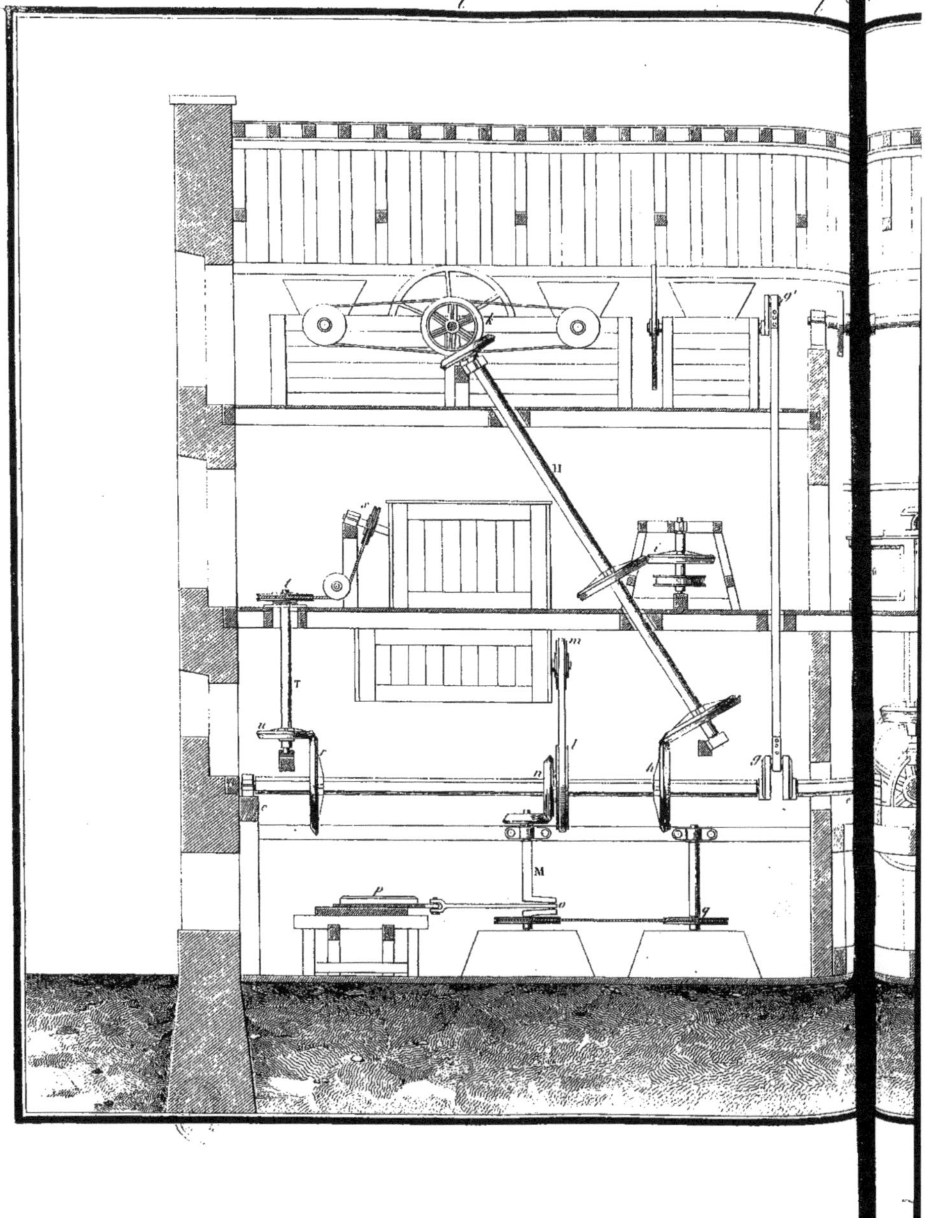

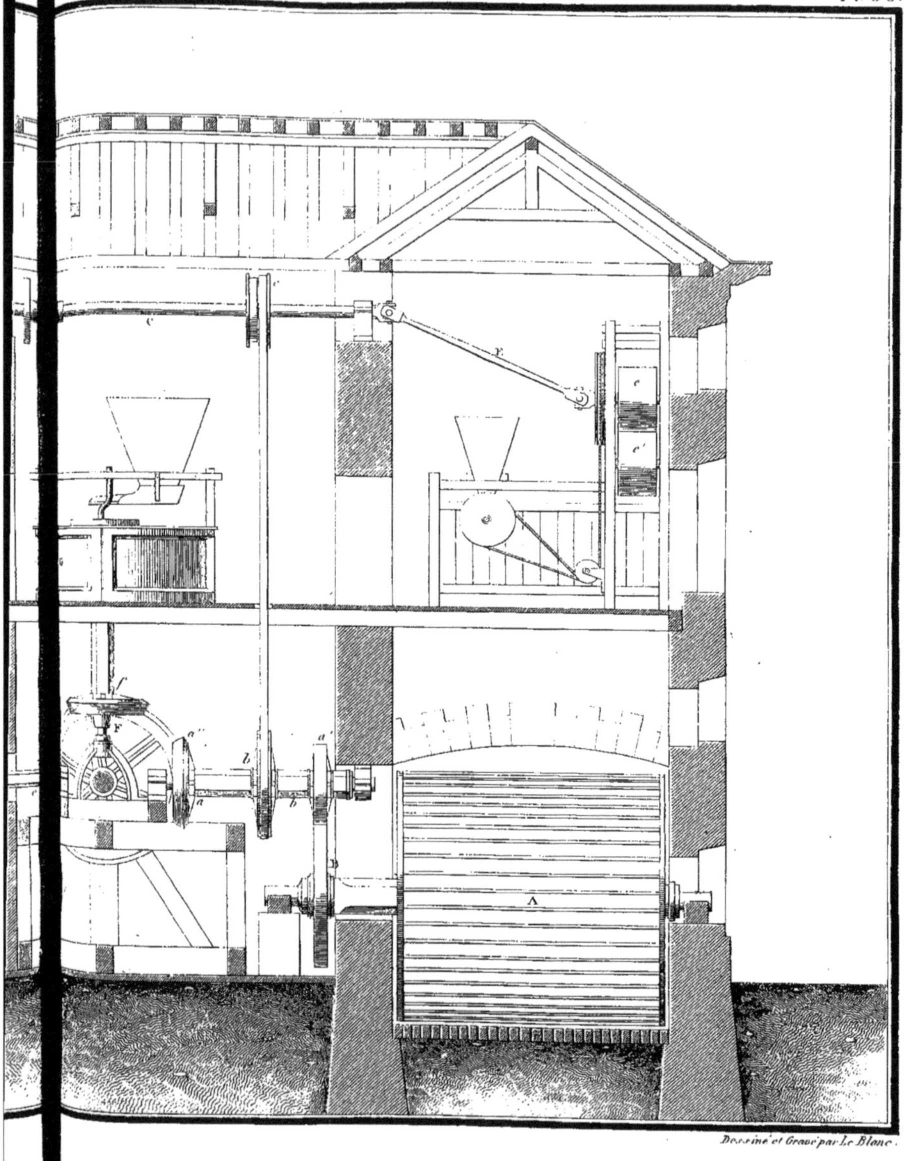

Dessiné et Gravé par Le Blanc.

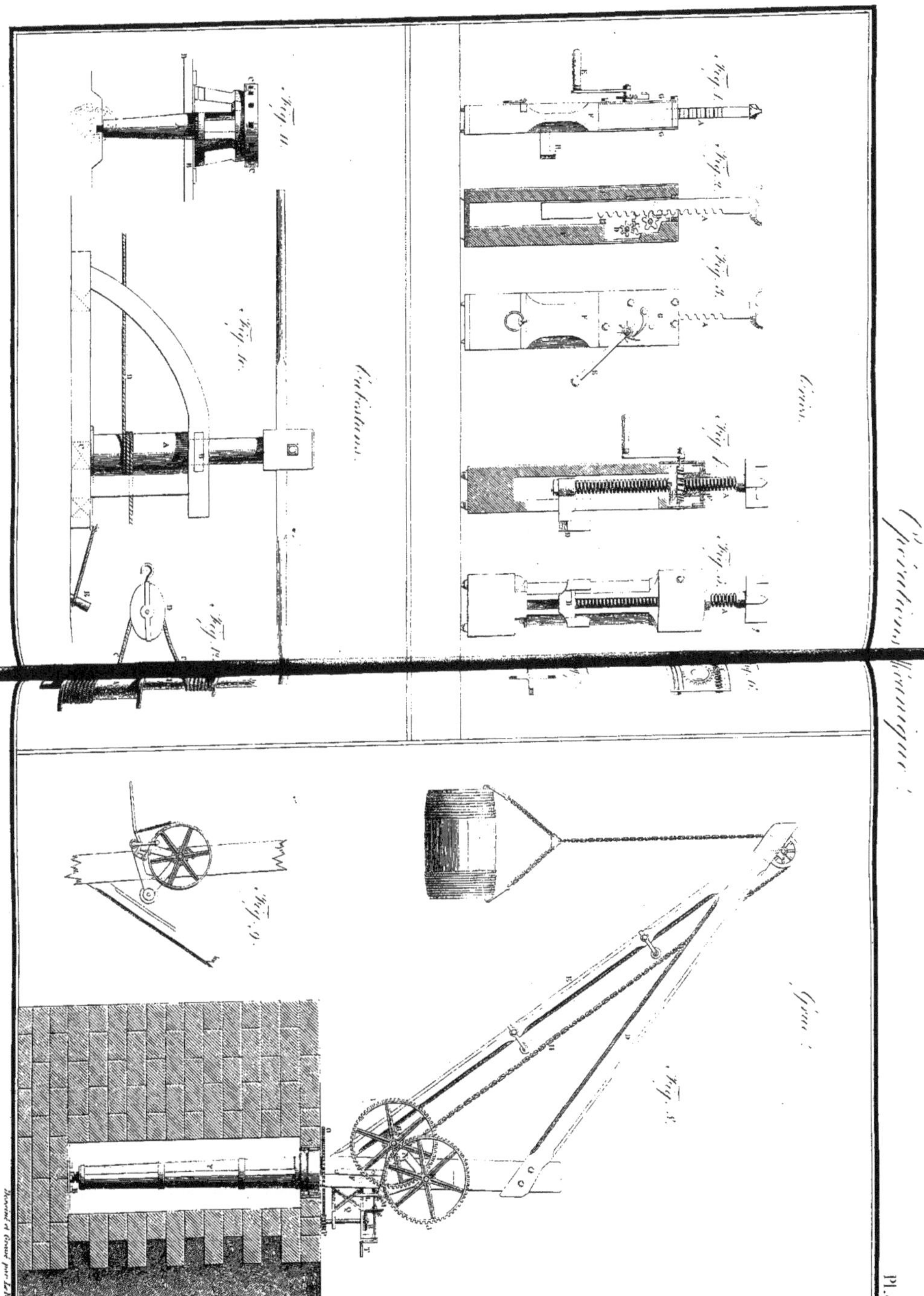

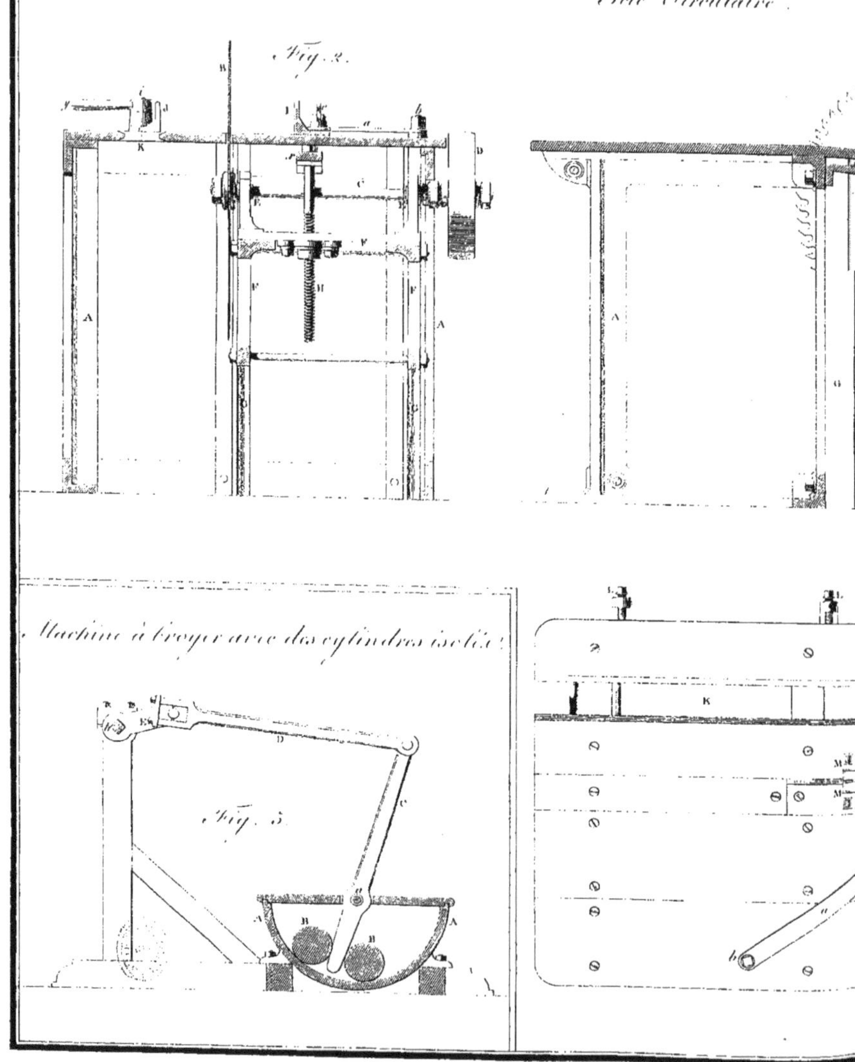

Scie Circulaire.
Fig. 2.
Machine à broyer avec des cylindres isolés
Fig. 3.

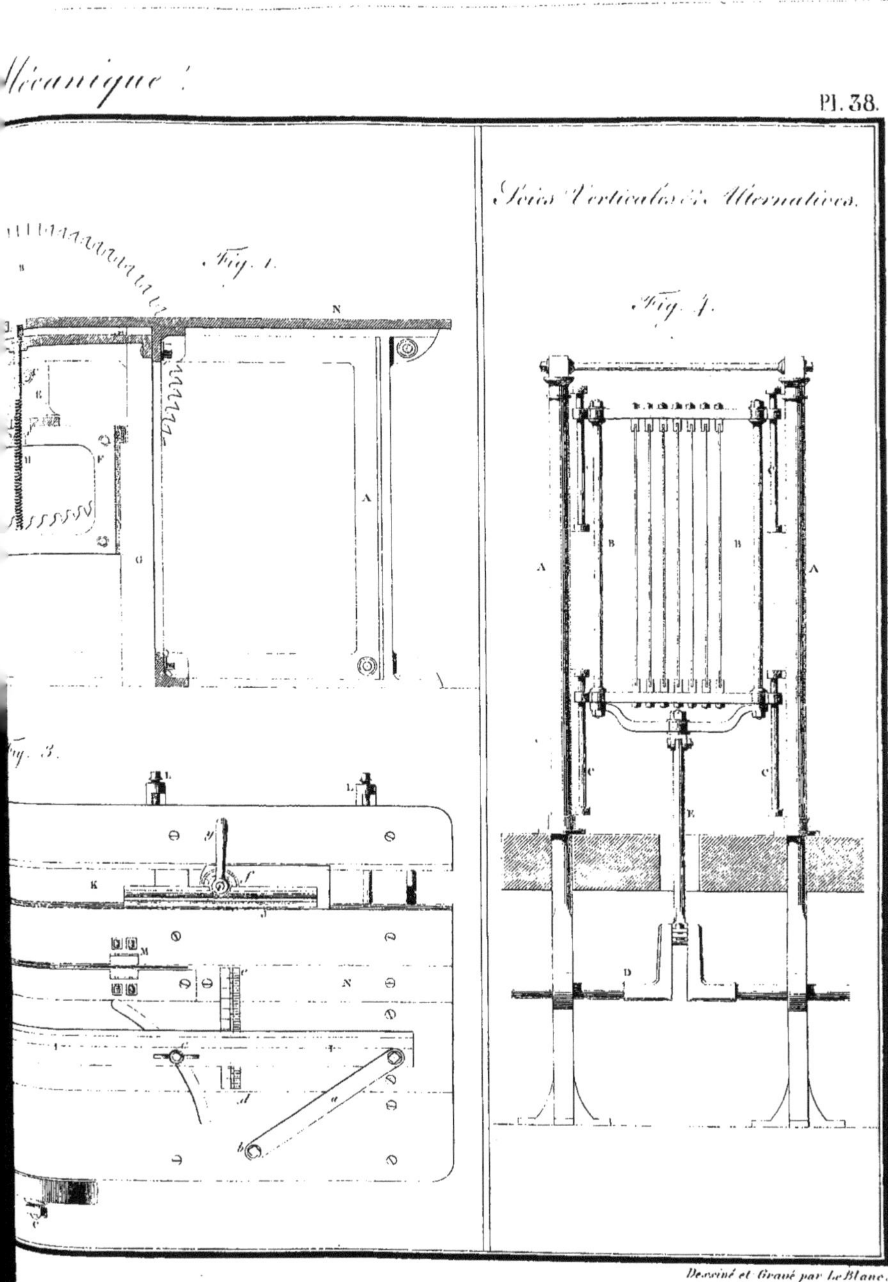
Scies Verticales &. Alternatives.
Fig. 1.
Fig. 3.
Fig. 4.
N
A
E
M
F
G
L
L
K
M
N
A
B
B
A
C
C
E
D
Dessiné et Gravé par Le Blanc.

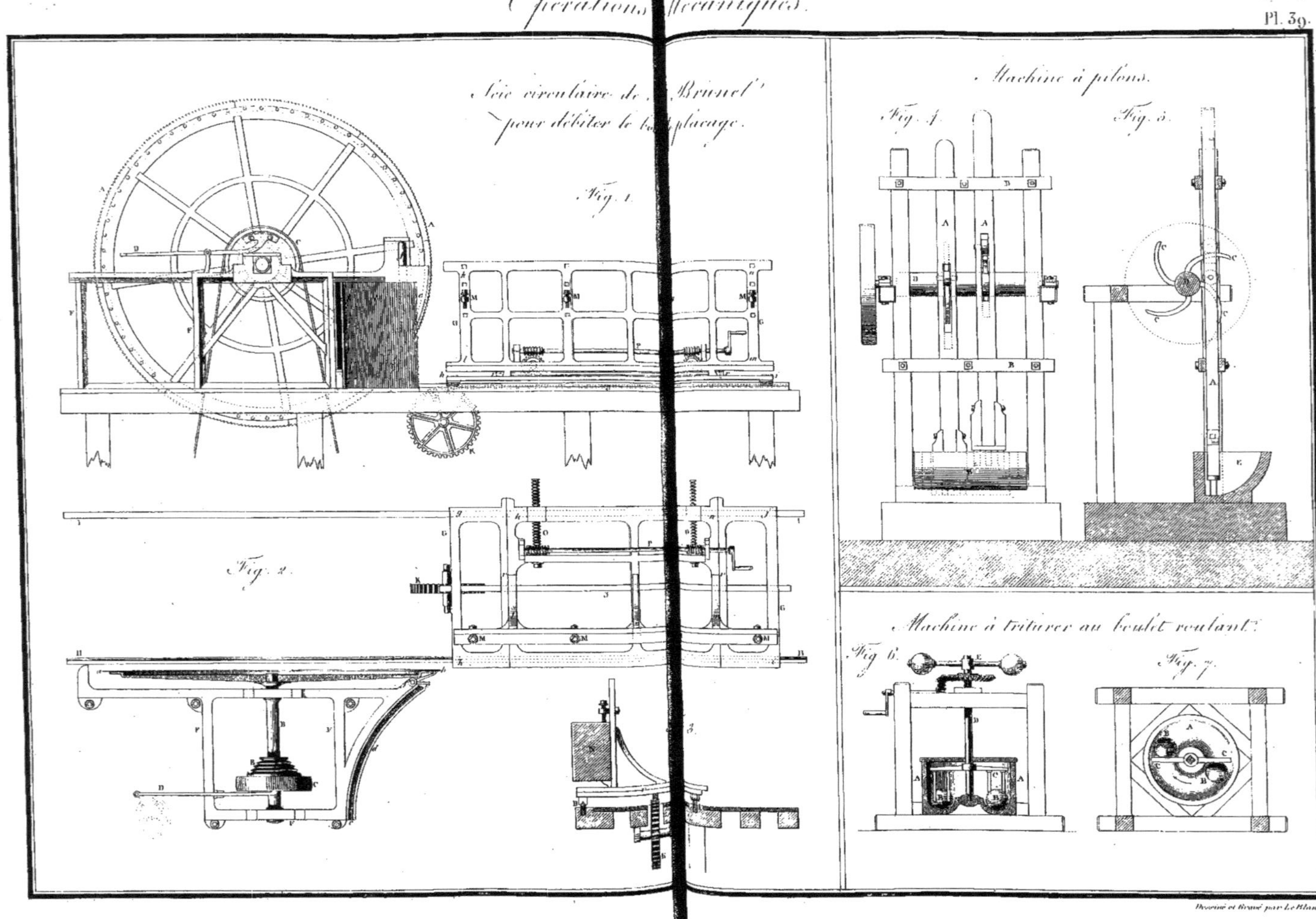

Scie circulaire de M. Brunel
pour débiter le bois placage.
Fig. 1.
Fig. 2.
Machine à pilons.
Fig. 4.
Fig. 5.
Machine à triturer au boulet roulant.
Fig. 6.
Fig. 7.
Dessiné et Gravé par Le Blanc.

Moulin à Papier
Fig. 6. 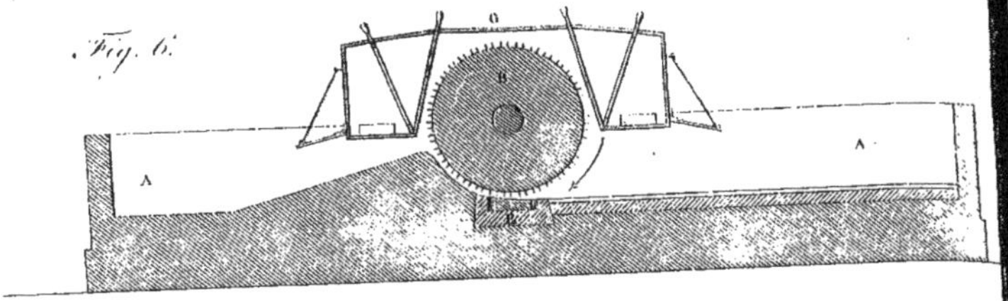
Fig. 7. 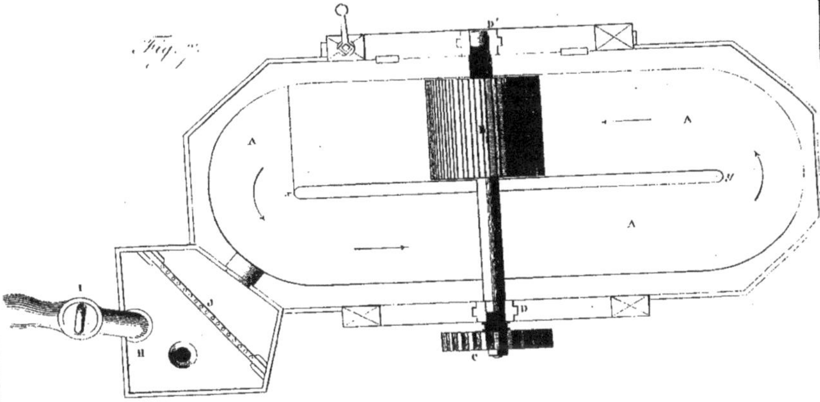
Fig. 9. 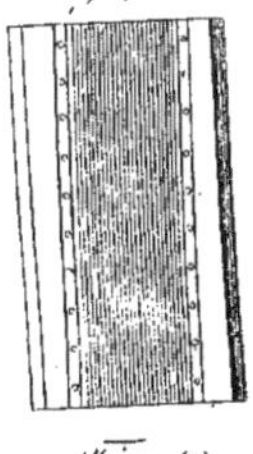
Fig. 8. 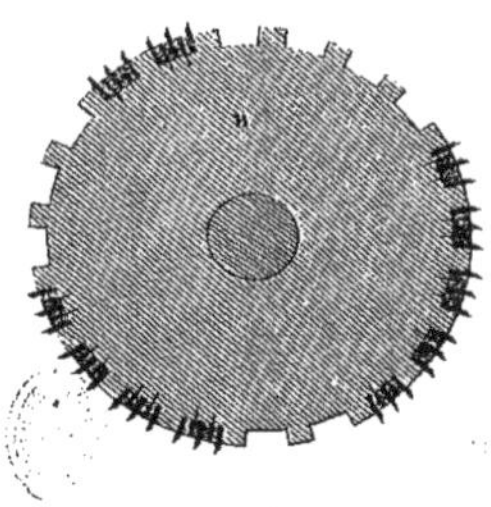
Fig. 11. 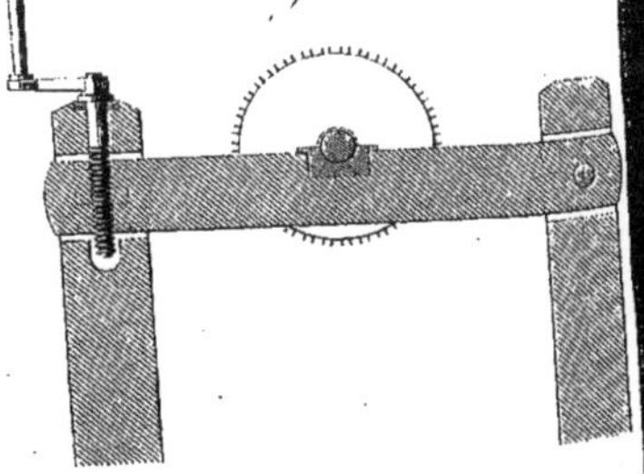
Fig. 10.

Rape à Betteraves.
Fig. 1.
Fig. 2.
Fig. 3. 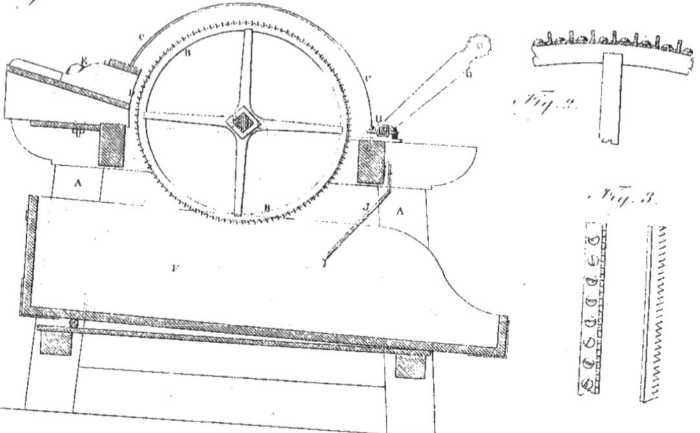
Meules Verticales.
Fig. 4.
Fig. 5. 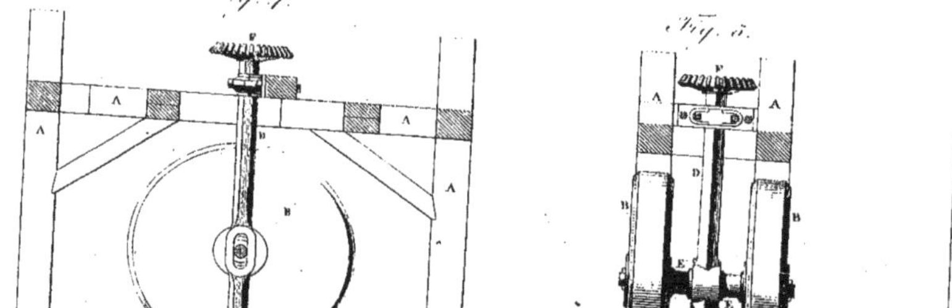
Dessiné et Gravé par Le Blanc.

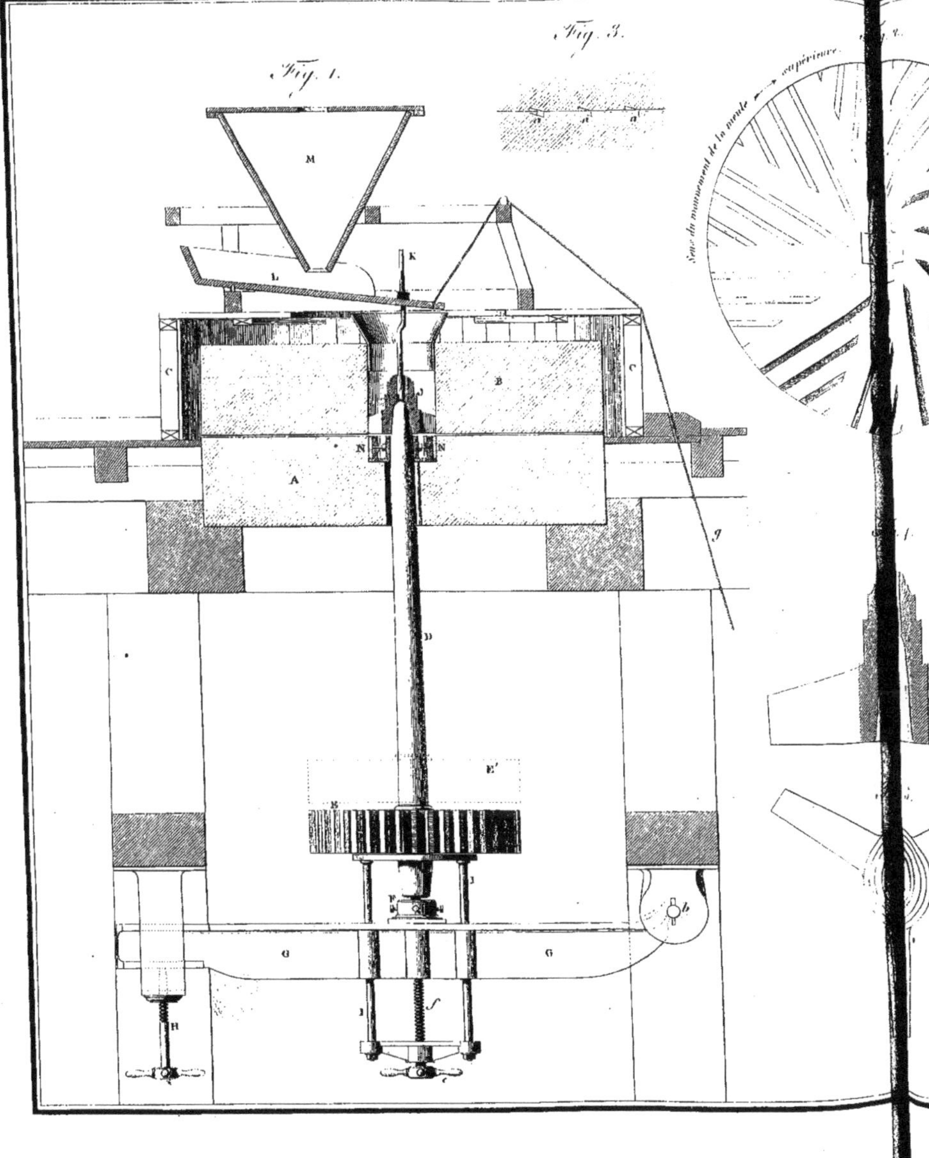
Fig. 1.
Fig. 3.
Sens du mouvement de la meule supérieure.
M
L
K
C
B
C
J
N N
A
D
E'
E
F
I S
H
G
G
I S
c

Moulin à farine de construction Anglaise.

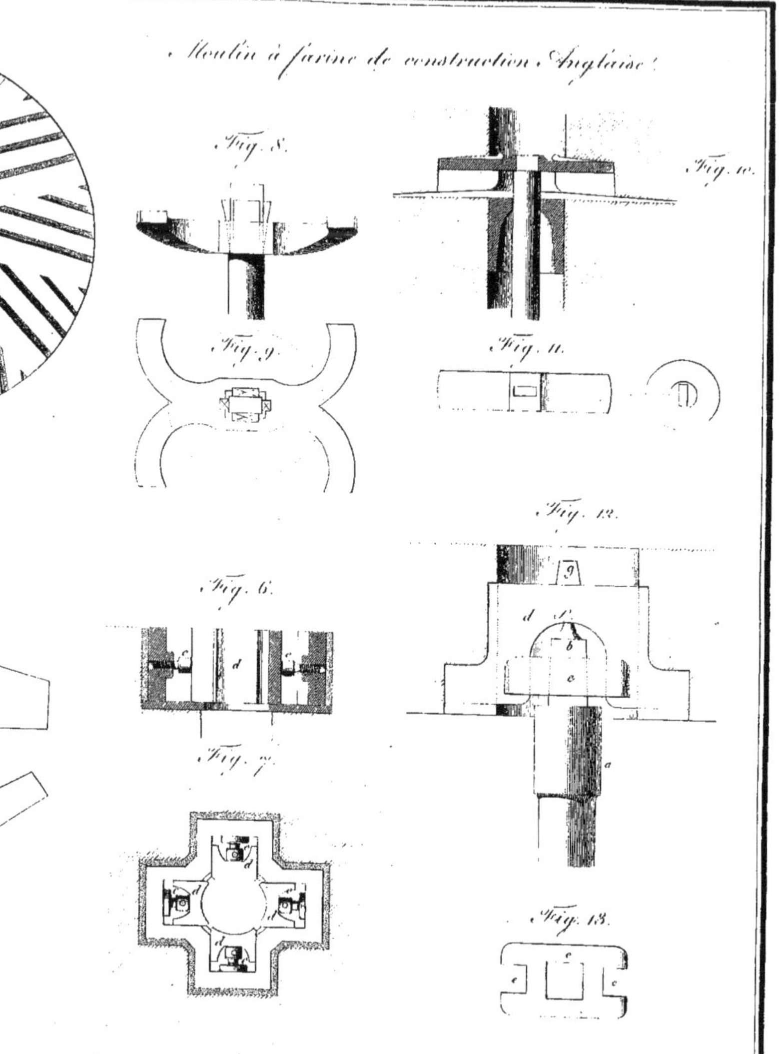

Dessiné et Gravé par Le Blanc.

Machine propre à enfoncer les pieux.

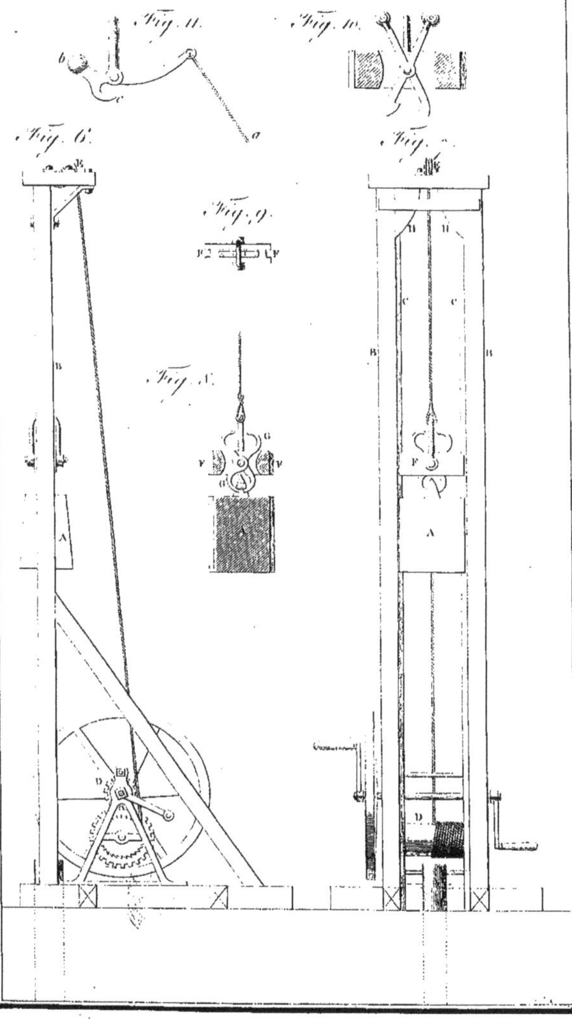

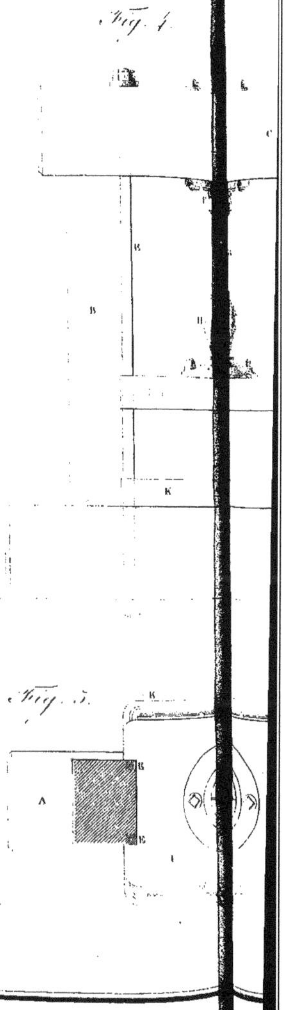

Fig. 11.

Fig. 10.

Fig. 6.

Fig. 9.

Fig. 8.

Fig. 7.

Fig. 4.

Fig. 5.

... vis.

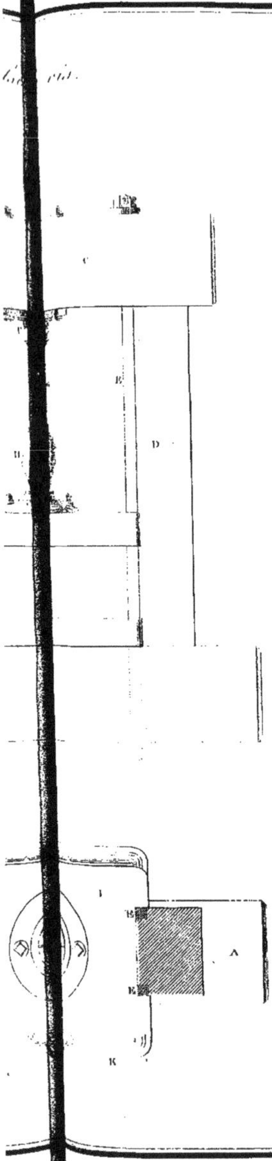

Presse continue à cylindres de Mr. l'Avergnat.

Fig. 1.

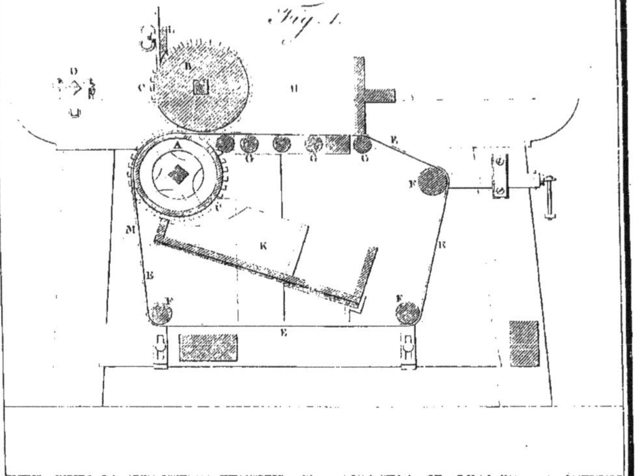

Presse continue à excentrique de Mr. Hallette.

Fig. 2.

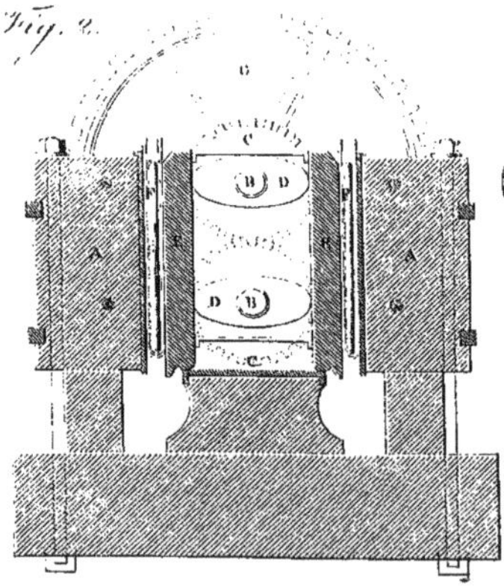

Fig. 3.

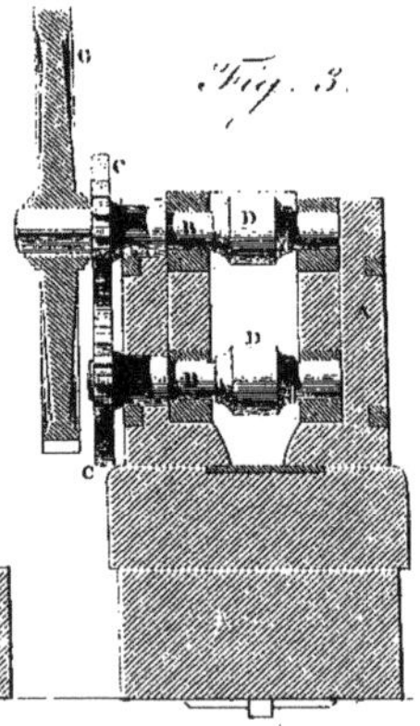

Dessiné et Gravé par Le Blanc.

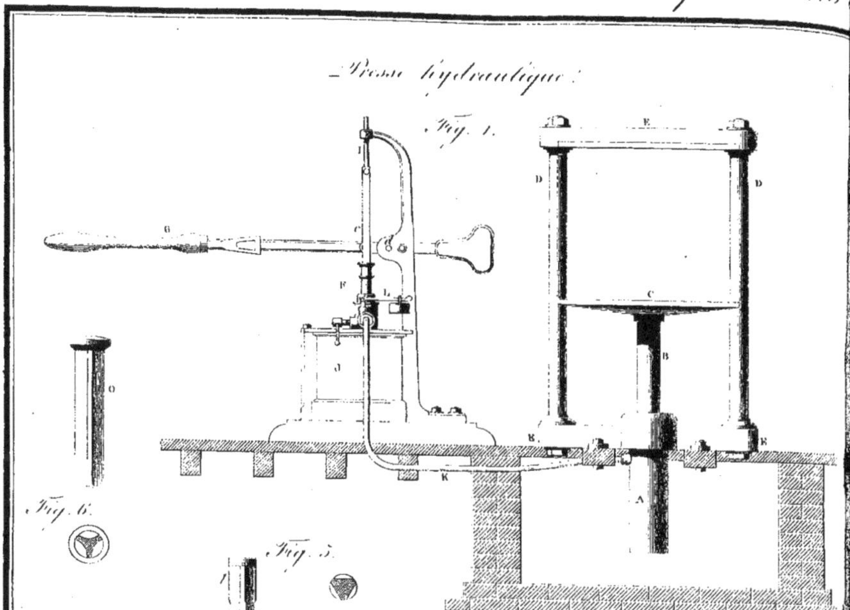

Presse hydraulique.

Fig. 1.

Fig. 6.

Fig. 5.

Fig. 2.

Fig. 7.

Fig. 4.

Fig. 3.

Presse à Coins.

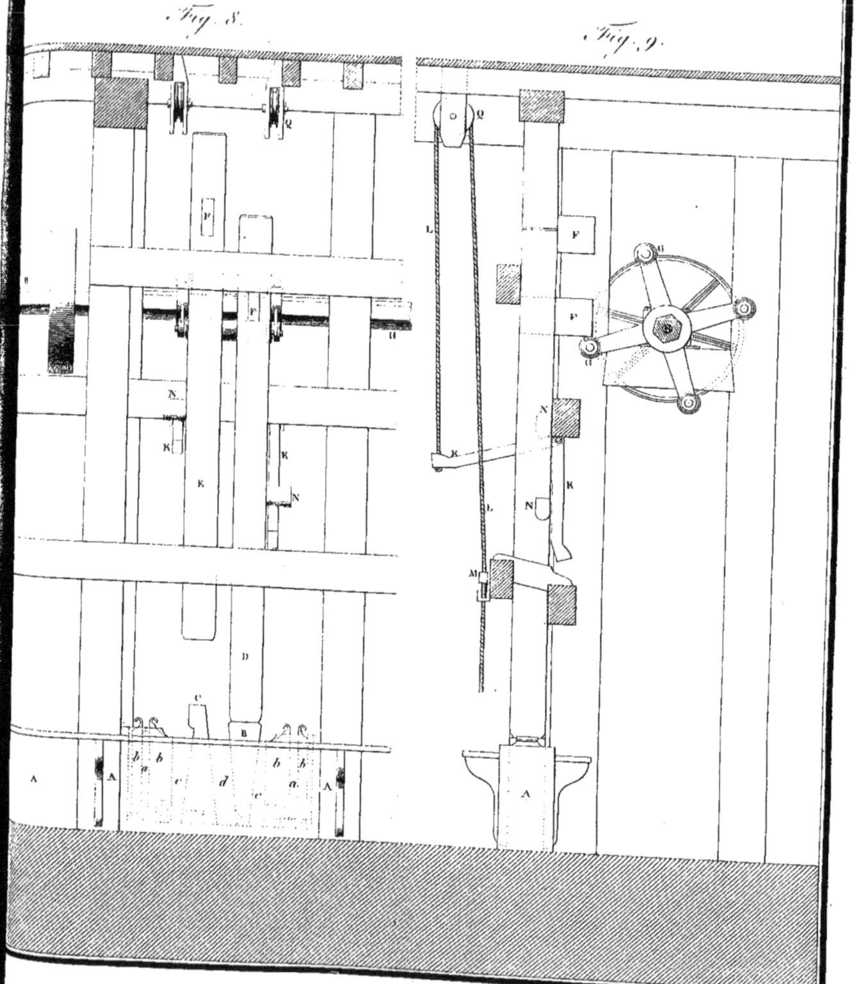

Fig. 8.

Fig. 9.

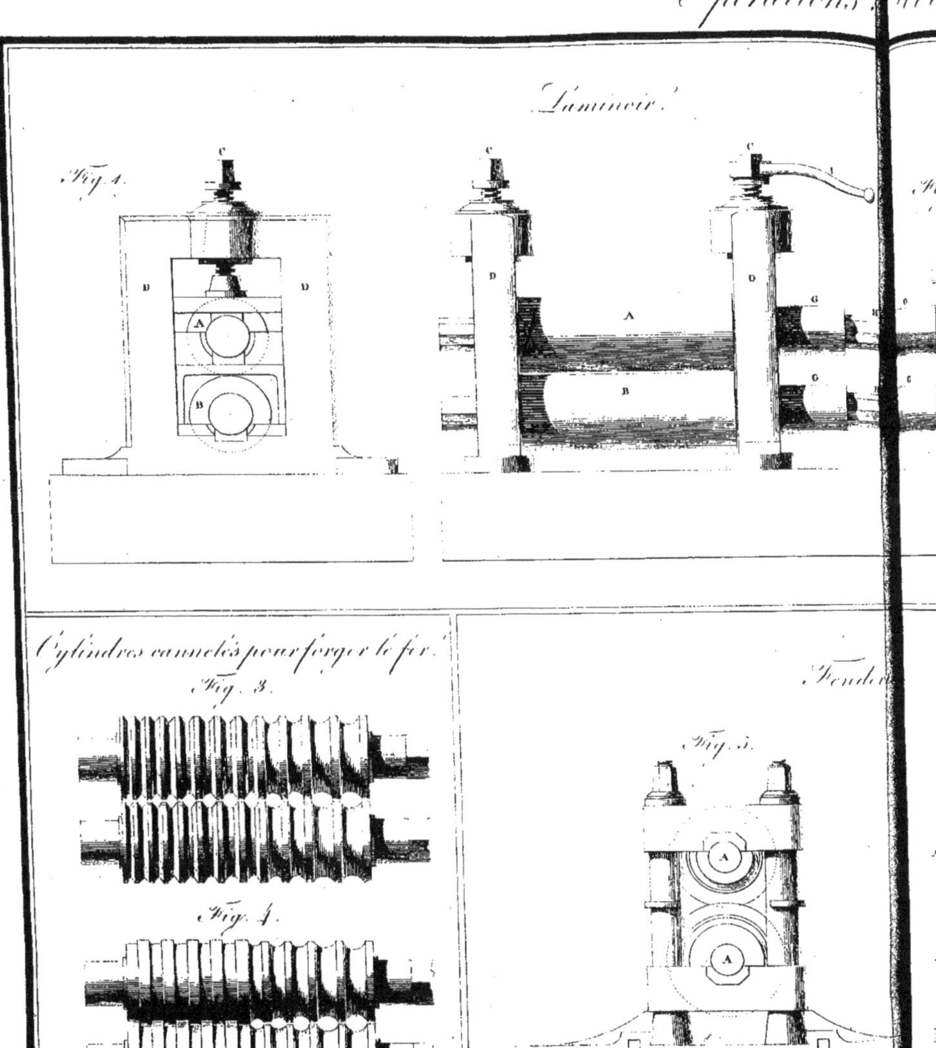
Laminoir.
Fig. 1.
Fig.
C
D D
A
B
Cylindres cannelés pour forger le fer.
Fig. 3.
Fig. 4.
Fonde
Fig. 5.
A
A

Mécanique.

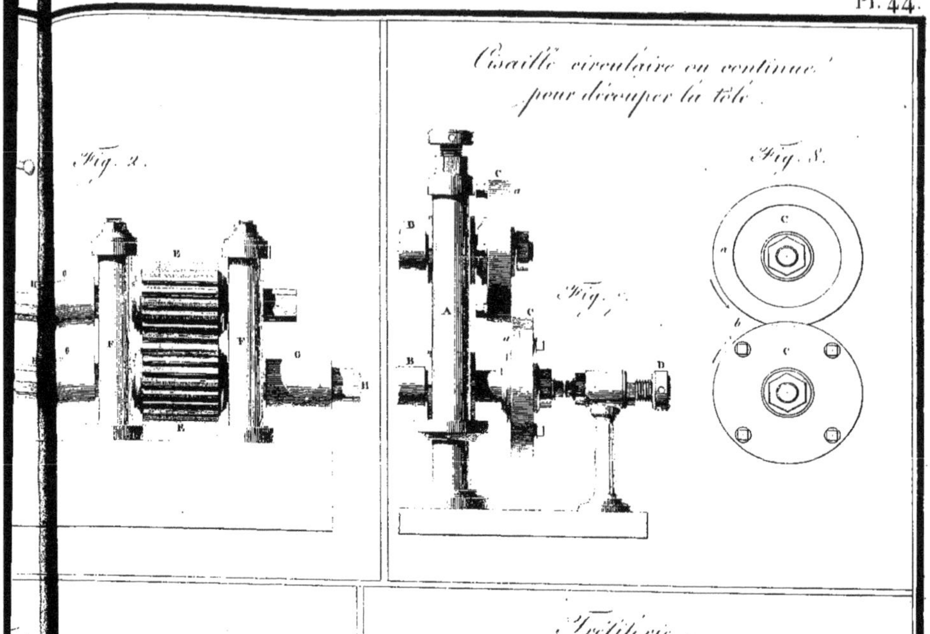
Cisaille circulaire ou continue pour découper la tôle.
Fig. 2.
Fig. 7.
Fig. 8.
Tréfilerie.
Fig. 9.
Fig. 6.
Fig. 10.
Fig. 11.
Fig. 12.

Dessiné et Gravé par Le Blanc.

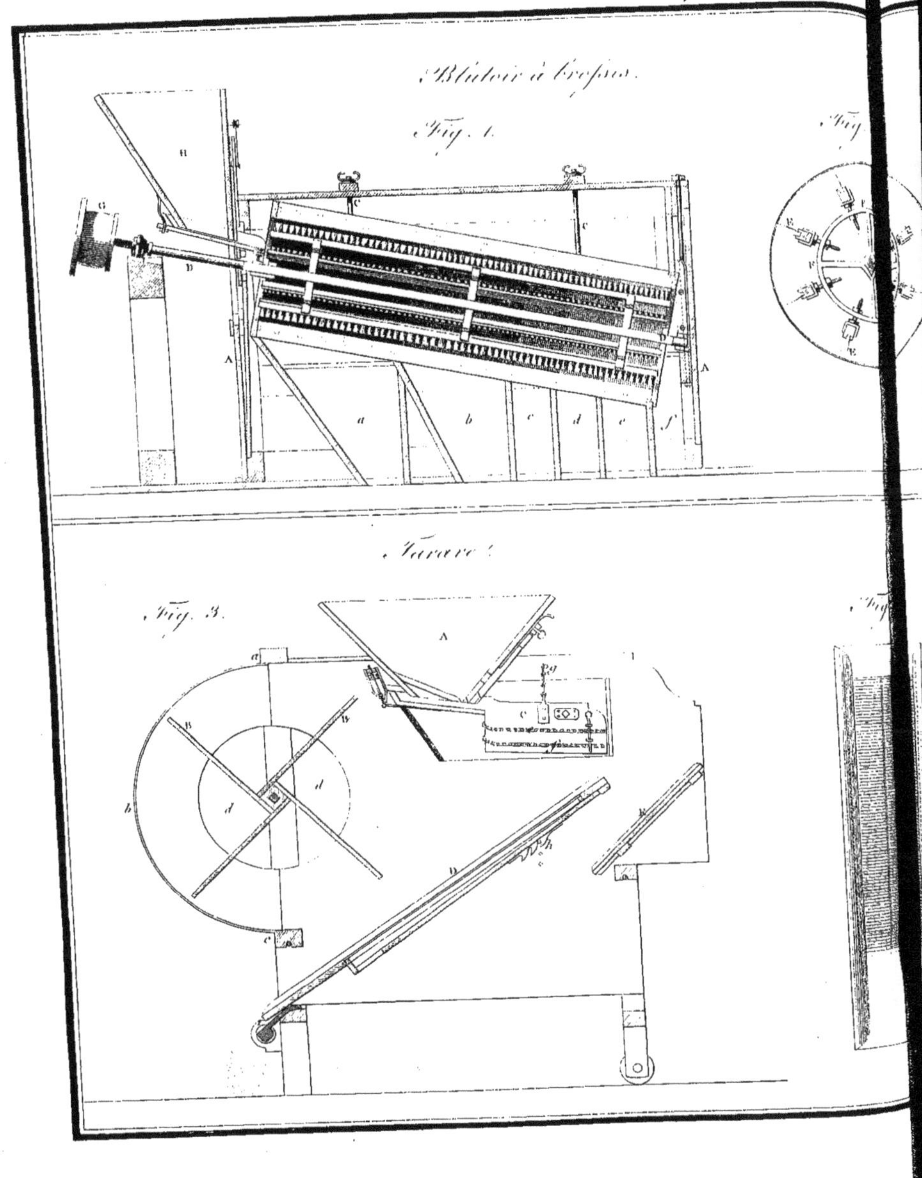

Blutoir à brosses.
Fig. 1.
Fig.
H
G
C
c
D
D
A
A
a b c d e f
E
F
Tarare.
Fig. 3.
Fig.
A
B
b
d
d
D
C

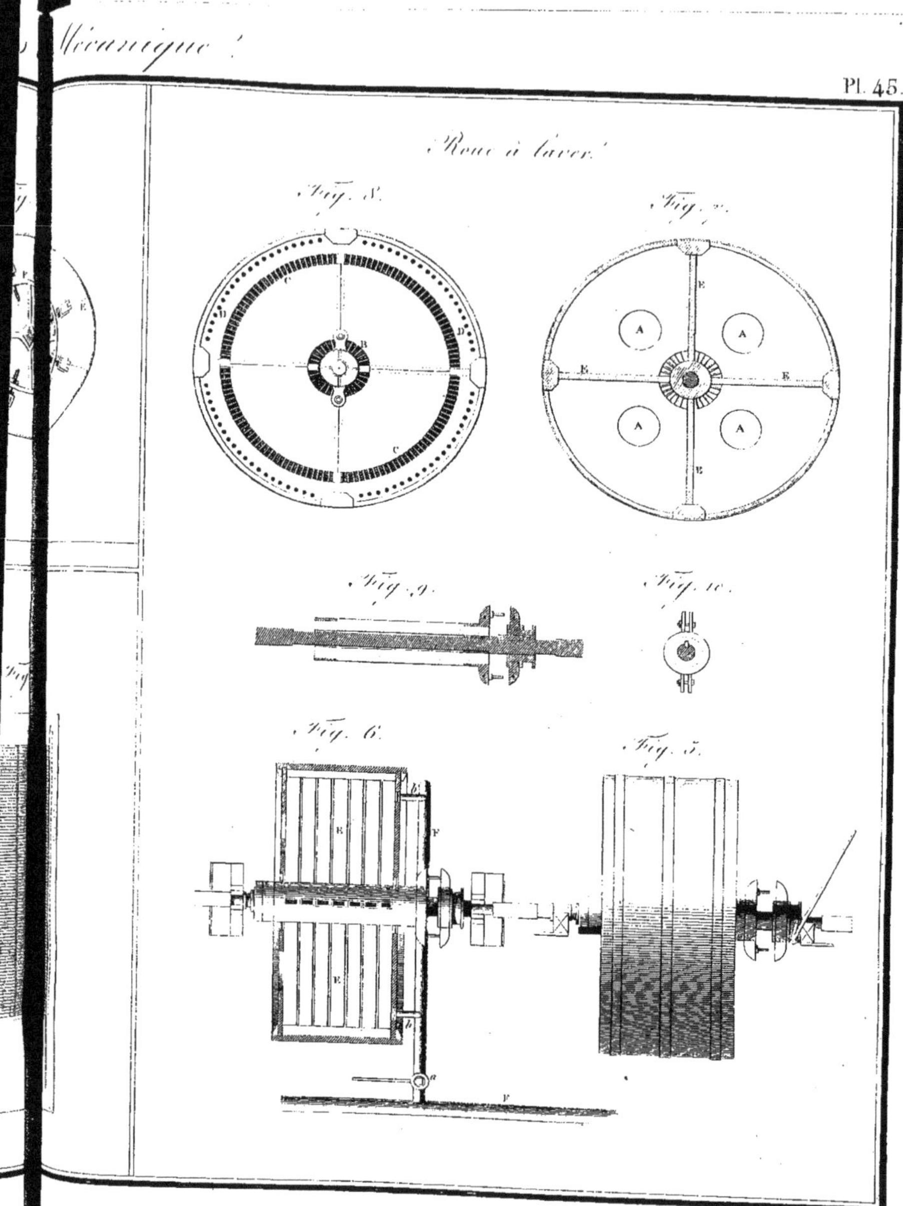
Roue à laver.
Fig. 8.
Fig. 7.
Fig. 9.
Fig. 10.
Fig. 6.
Fig. 5.
Dessiné et Gravé par Le Blanc.

Pompe à Incendie.

Fig. 1.

Fig. 2.

Fig. 3.

Fig. 4.

Fig. 5.

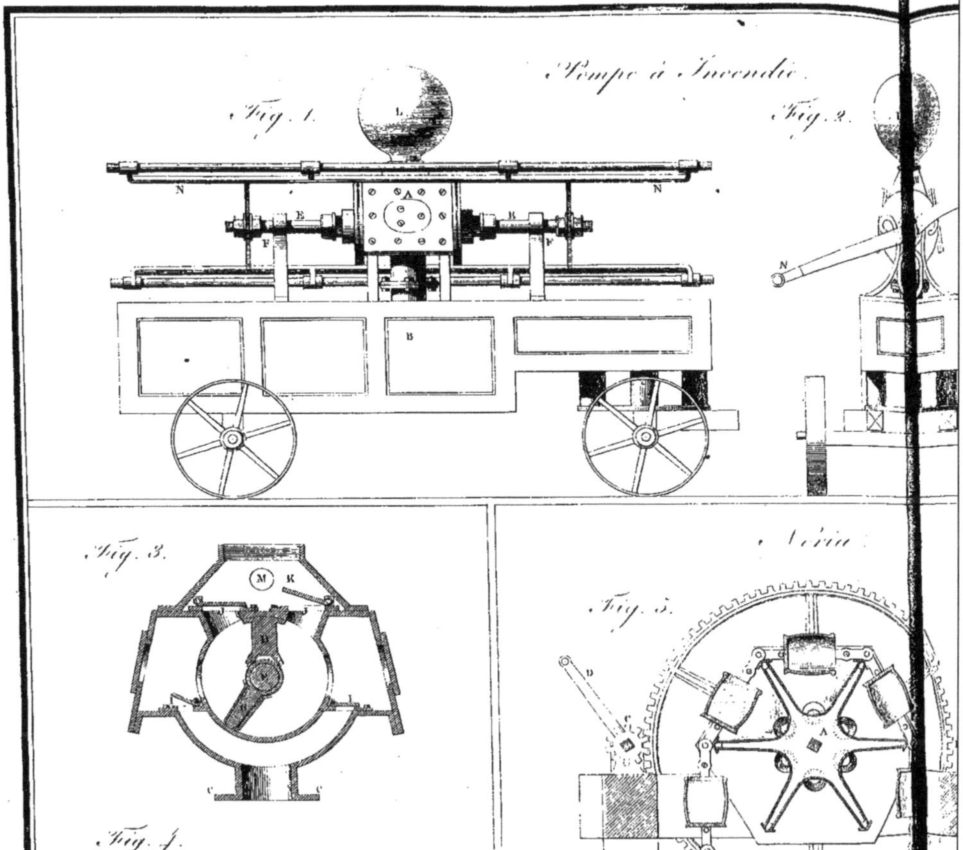

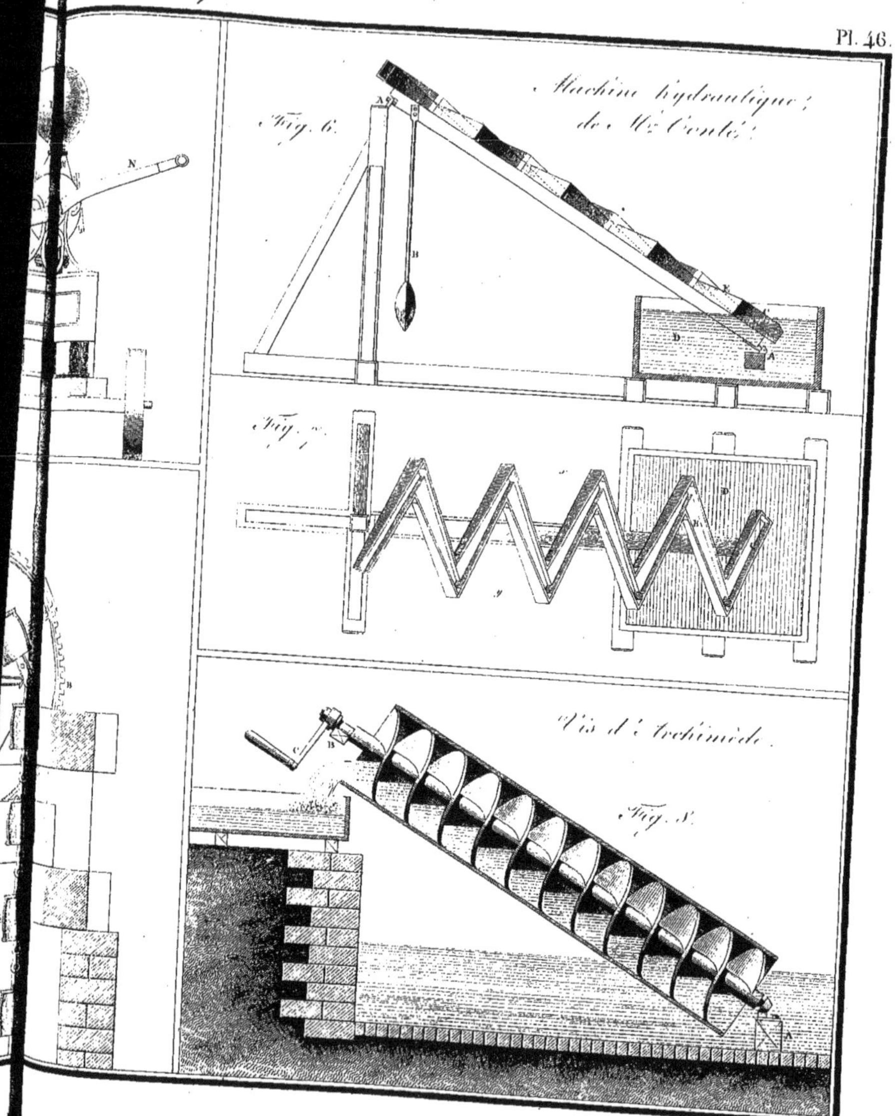

Pl. 46.

Machine hydraulique
de M. Conté.

Fig. 6.

Fig. 7.

Vis d'Archimède.

Fig. 8.

Dessiné et Gravé par LeBlanc.

Bélier hydraulique
Fig. 1 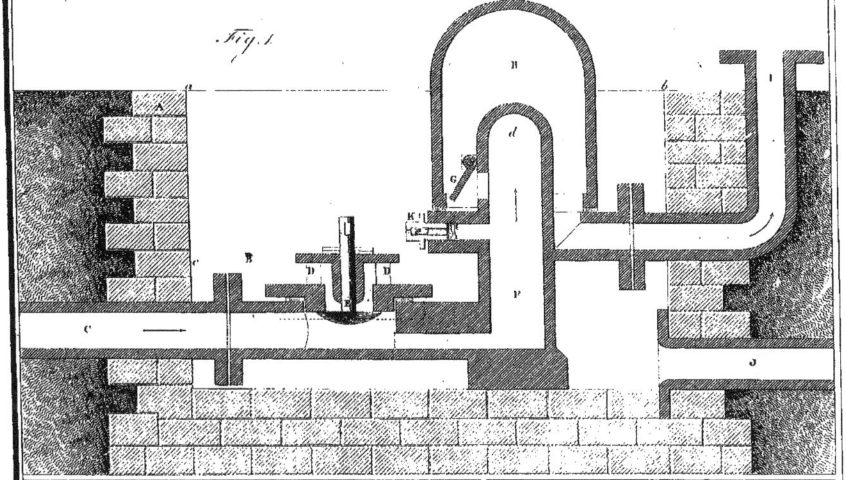
Pompe dite des prêtres.
Fig. 7. 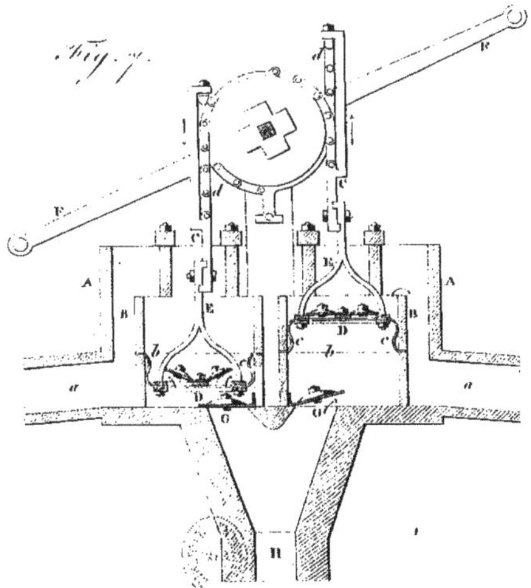
Pompe aspirante & foulante
Fig. 6.

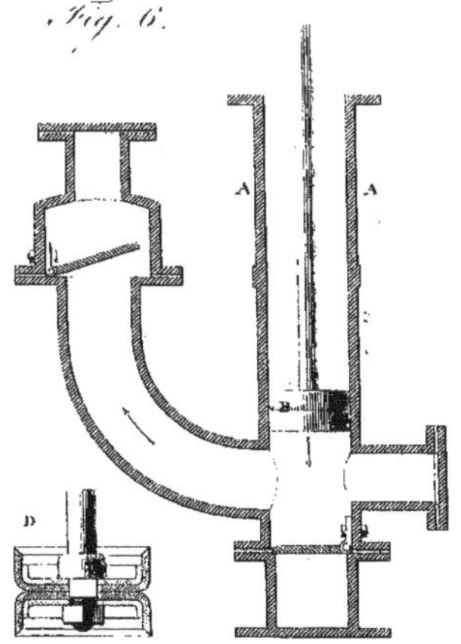

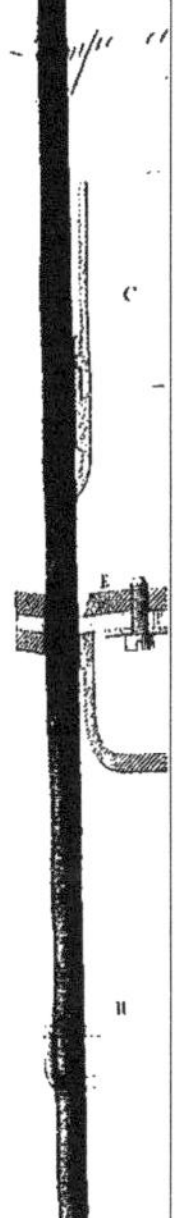

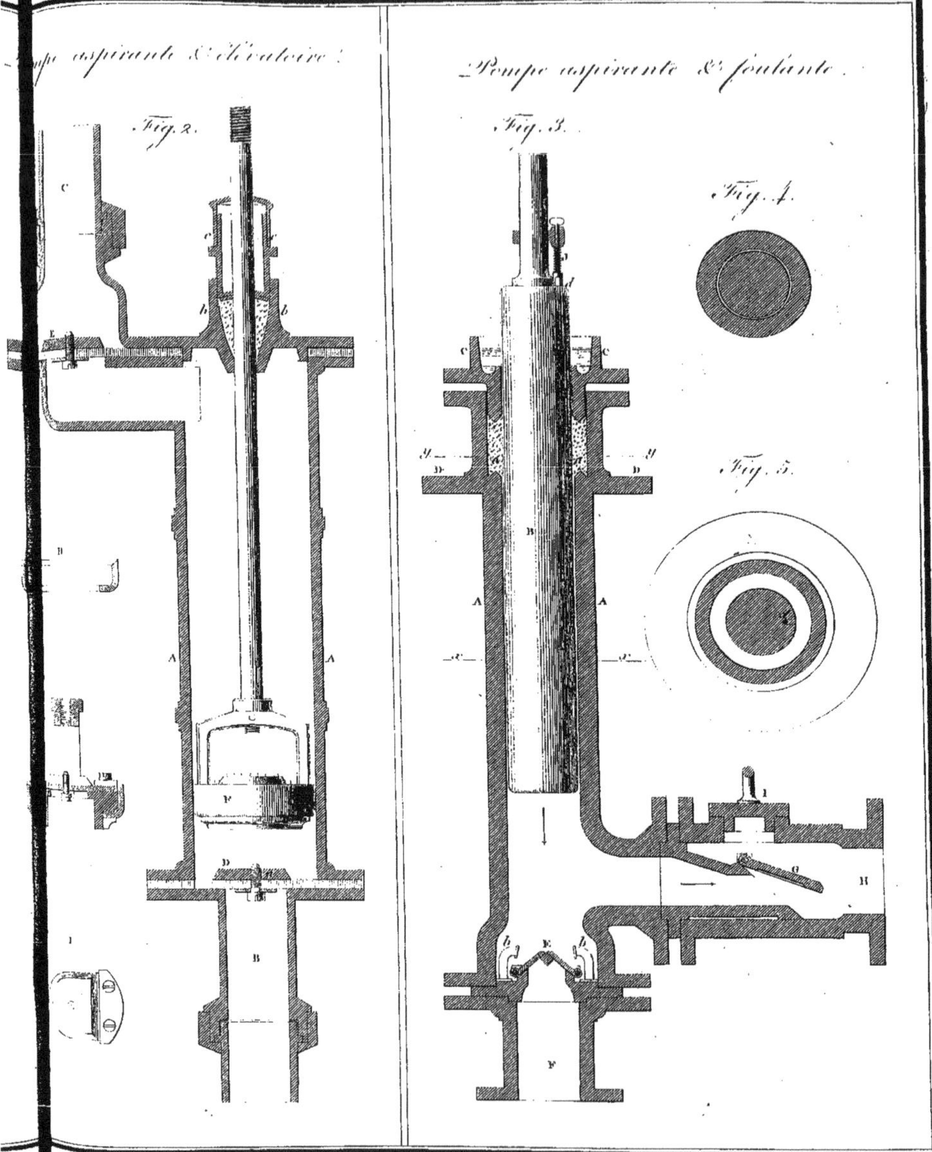
Pompe aspirante & élévatoire.
Fig. 2.
Pompe aspirante & foulante.
Fig. 3.
Fig. 4.
Fig. 5.
Dessiné et Gravé par LeBlanc.

Machine à élever l'eau par la vapeur.
Fig. 1. 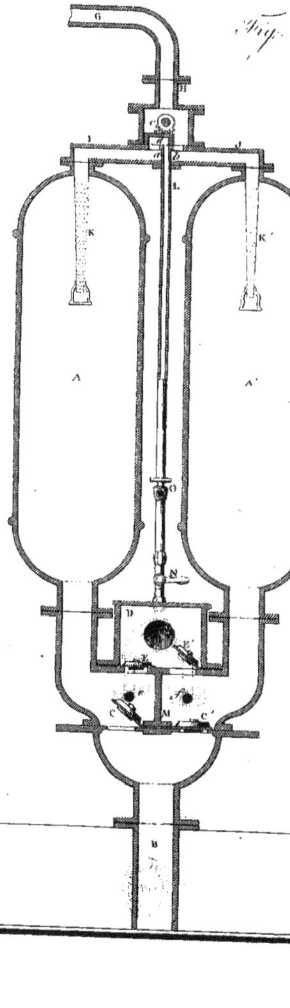
Machine soufflante appe... tromp... 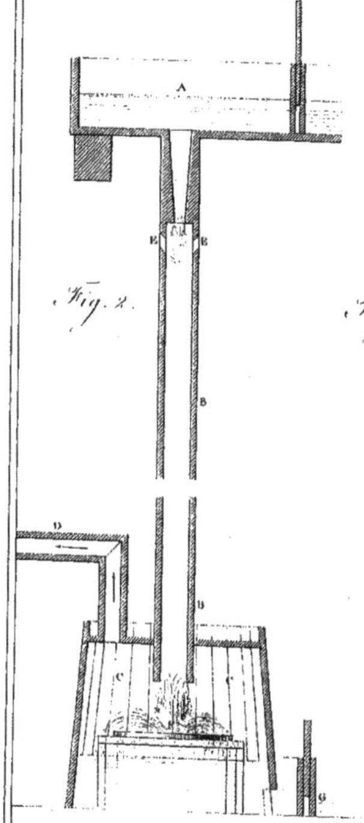
Fig. 2.
Fig. 3. 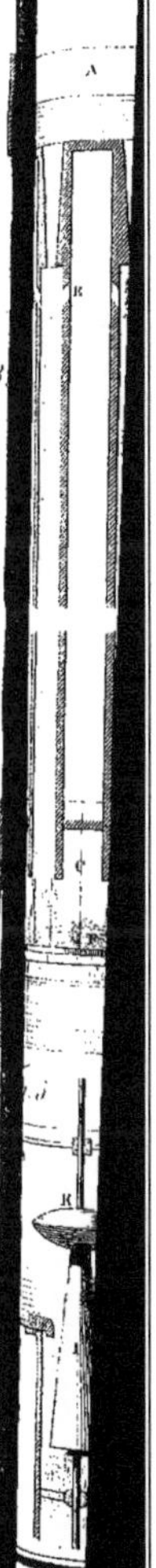
Fig. 4.

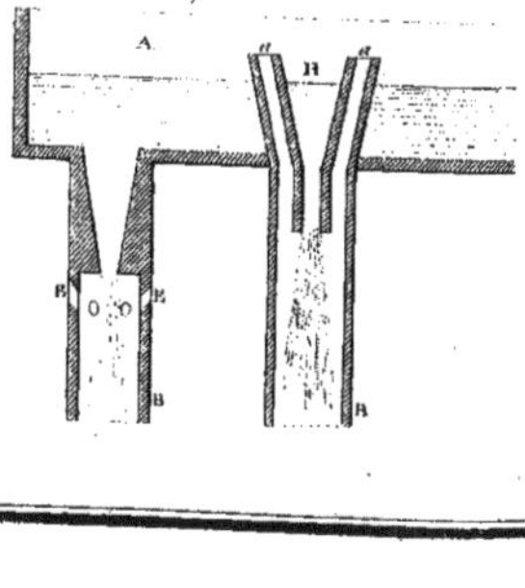

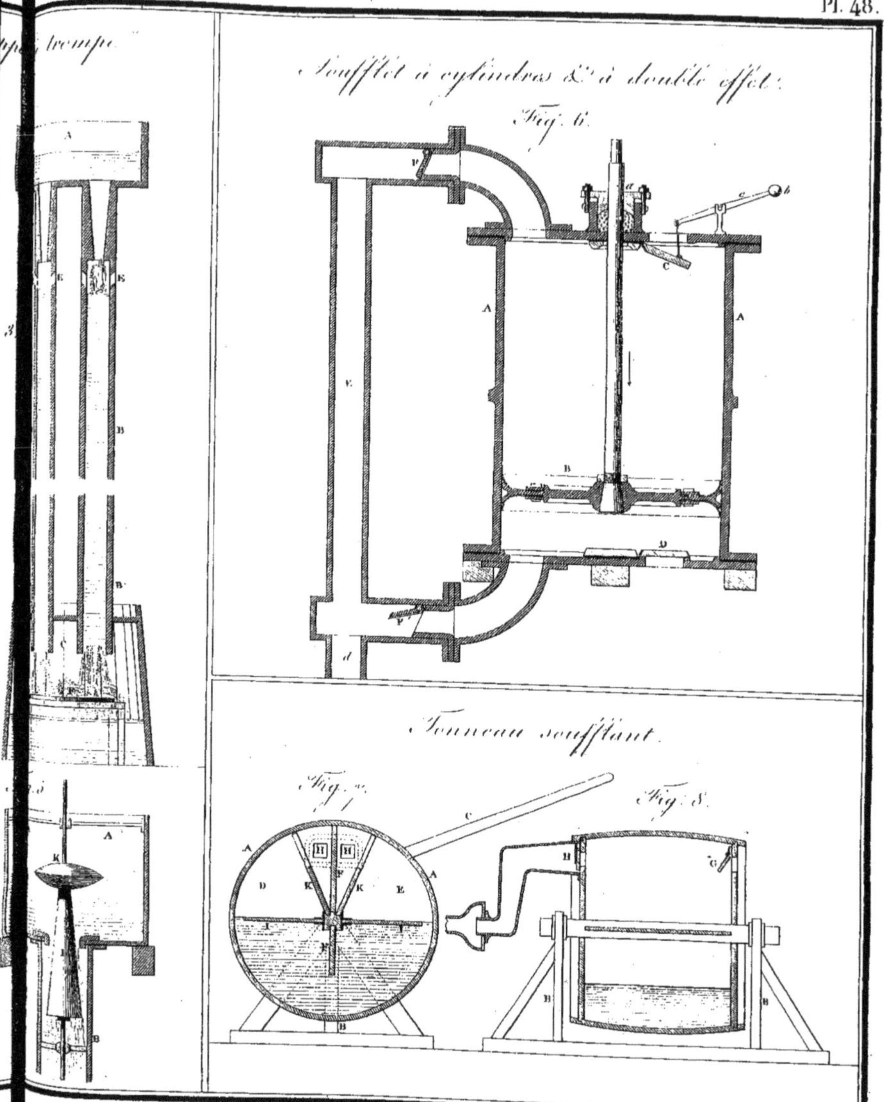

Soufflet à cylindres & à double effet.
Fig. 6.
Tonneau soufflant.
Fig. 7.
Fig. 8.

Batteur-éplucheur pour...

Fig. 3.

Fig. 4.

Machine à carder.

Fig. 6.

Fig. 5.

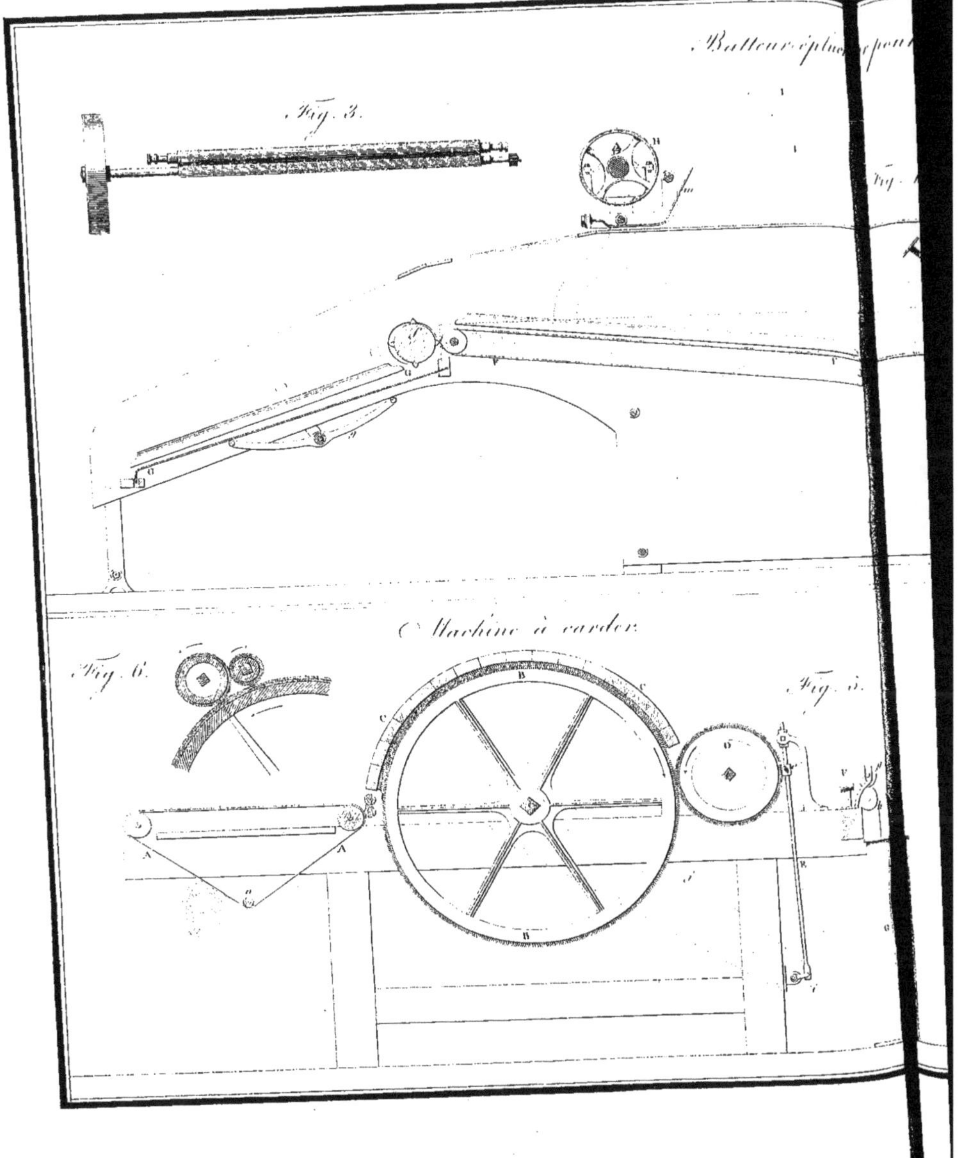

Mécaniques.
Pl. 49.
...pour le coton.
Fig. 1. 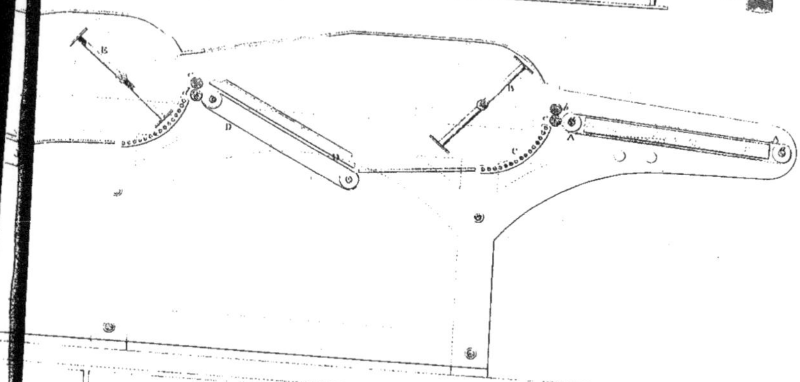
Fig. 2.
_ Loup ou diable pour ouvrir ou diviser la laine. 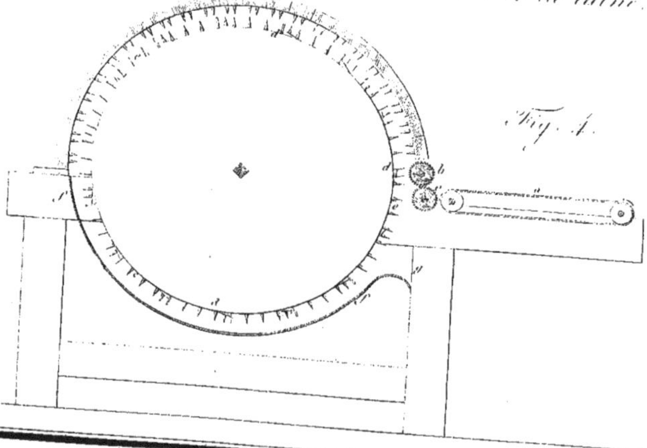
Fig. 4.
Dessiné et Gravé par Le Blanc.

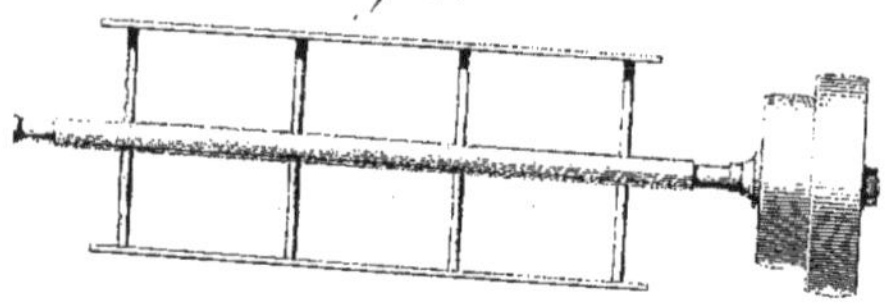

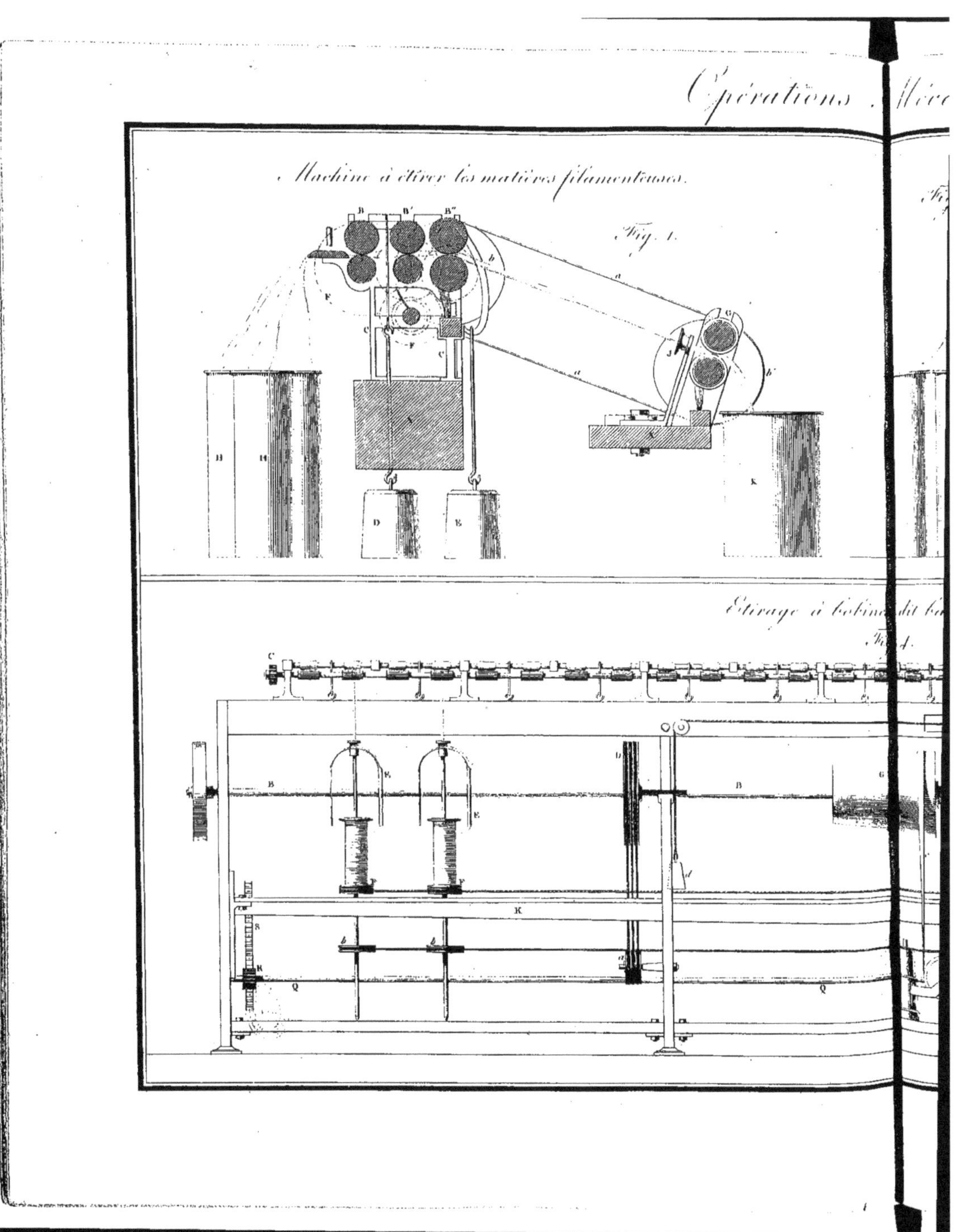

Machine à étirer les matières filamenteuses.
Fig. 1.
Étirage à bobine dit bu...
Fig. 4.

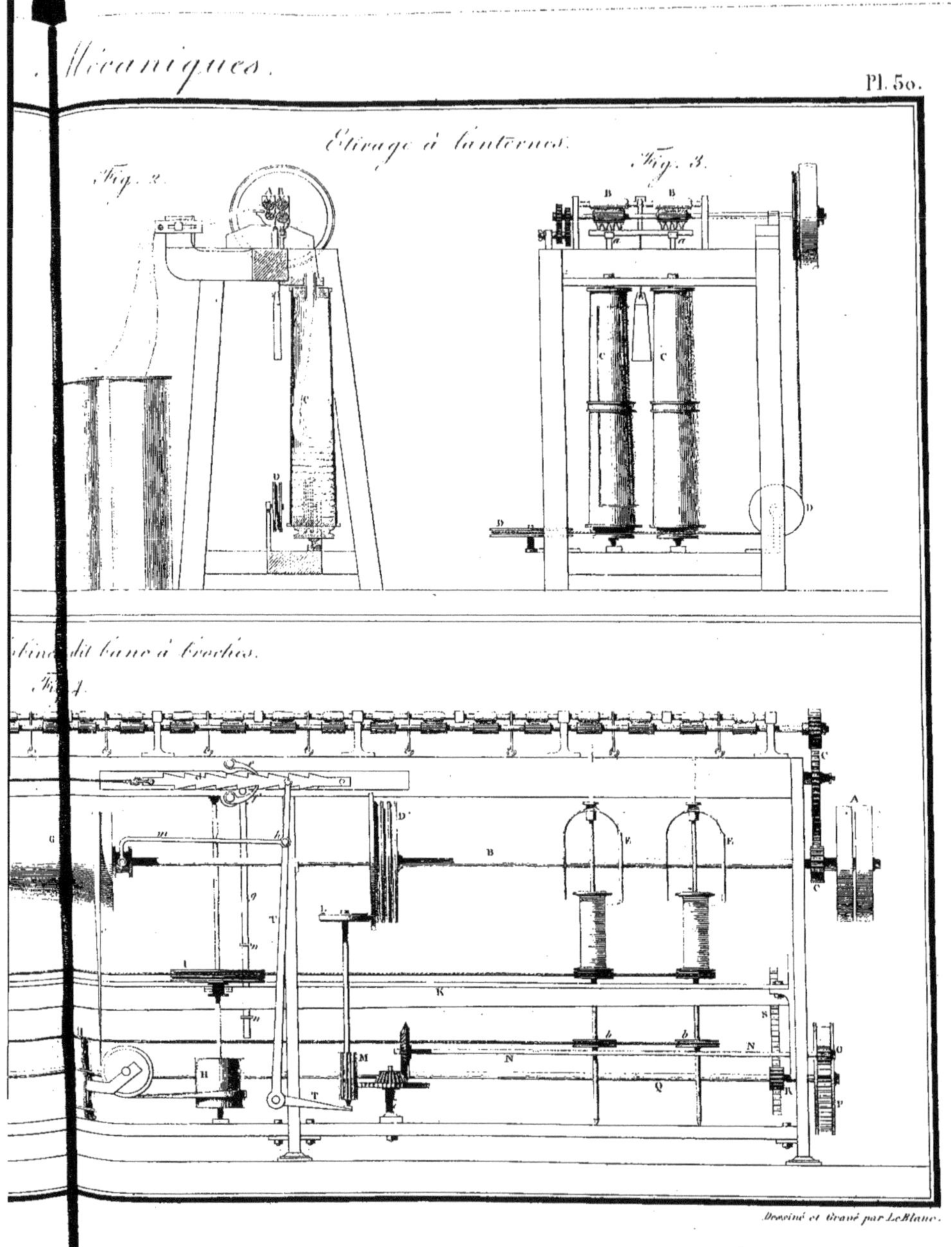
Etirage à lanternes.
Fig. 2.
Fig. 3.
B   B
a   a
A
C   C
D
D
Filé dit banc à broches.
Fig. 4.
G
D
B
E   E
A
C
K
S
N
N
Q
R
P
H
M
T
Dessiné et Gravé par LeBlanc.

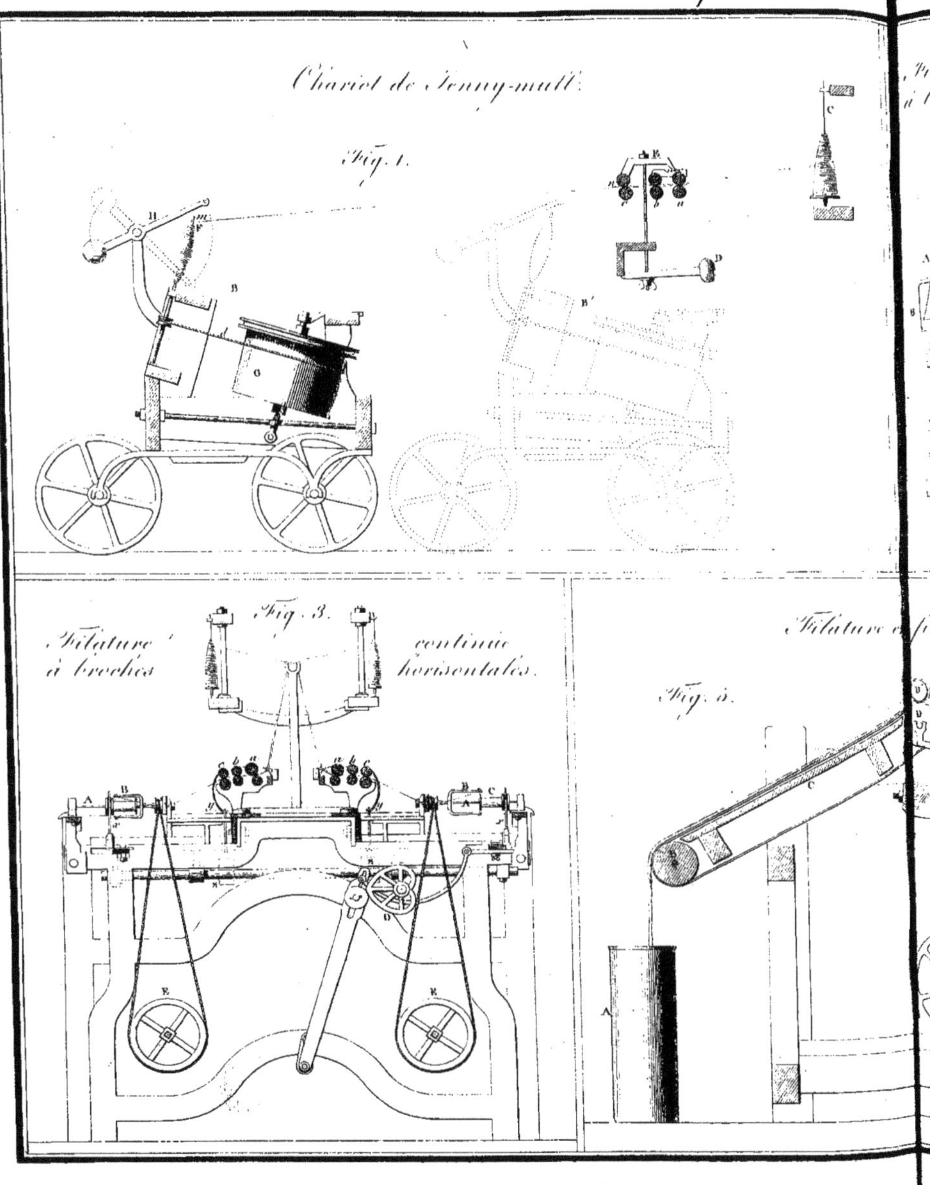
Chariot de Jenny-mull.
Fig. 1.
Fig. 3.
Filature
à broches
continue
horisontales.
Filature
Fig. 5.

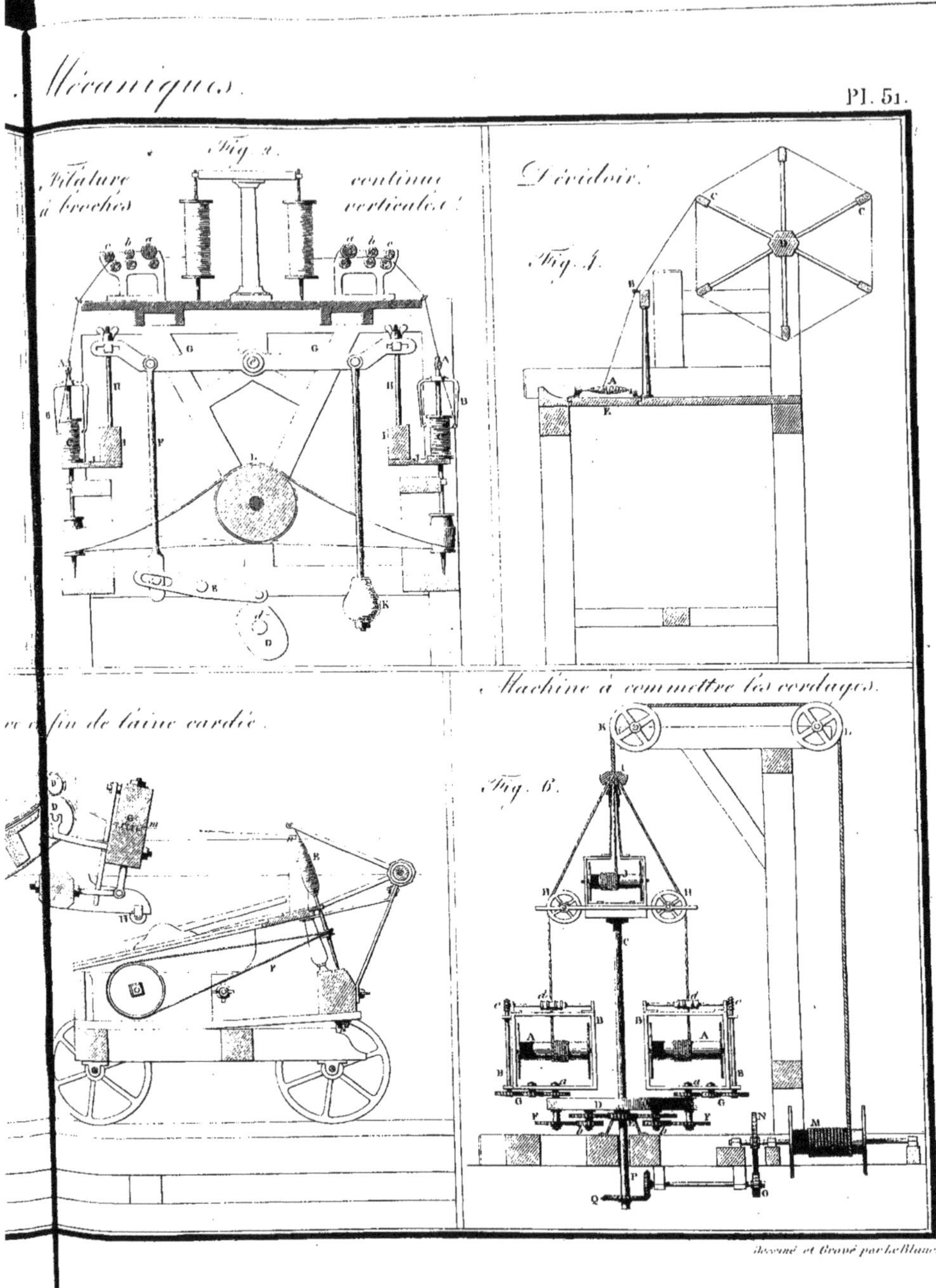
Filature continue Dévidoir.
à broches verticales.
Fig. 2.
Fig. 4.
Machine à commettre les cordages.
en soie de laine cardée.
Fig. 6.
dessiné et Gravé par Le Blanc.

Opérations
Machine à parer
Fig. 5.
Cardissoir.
Fig. 2.
Fig. 4.
Fig. 3.

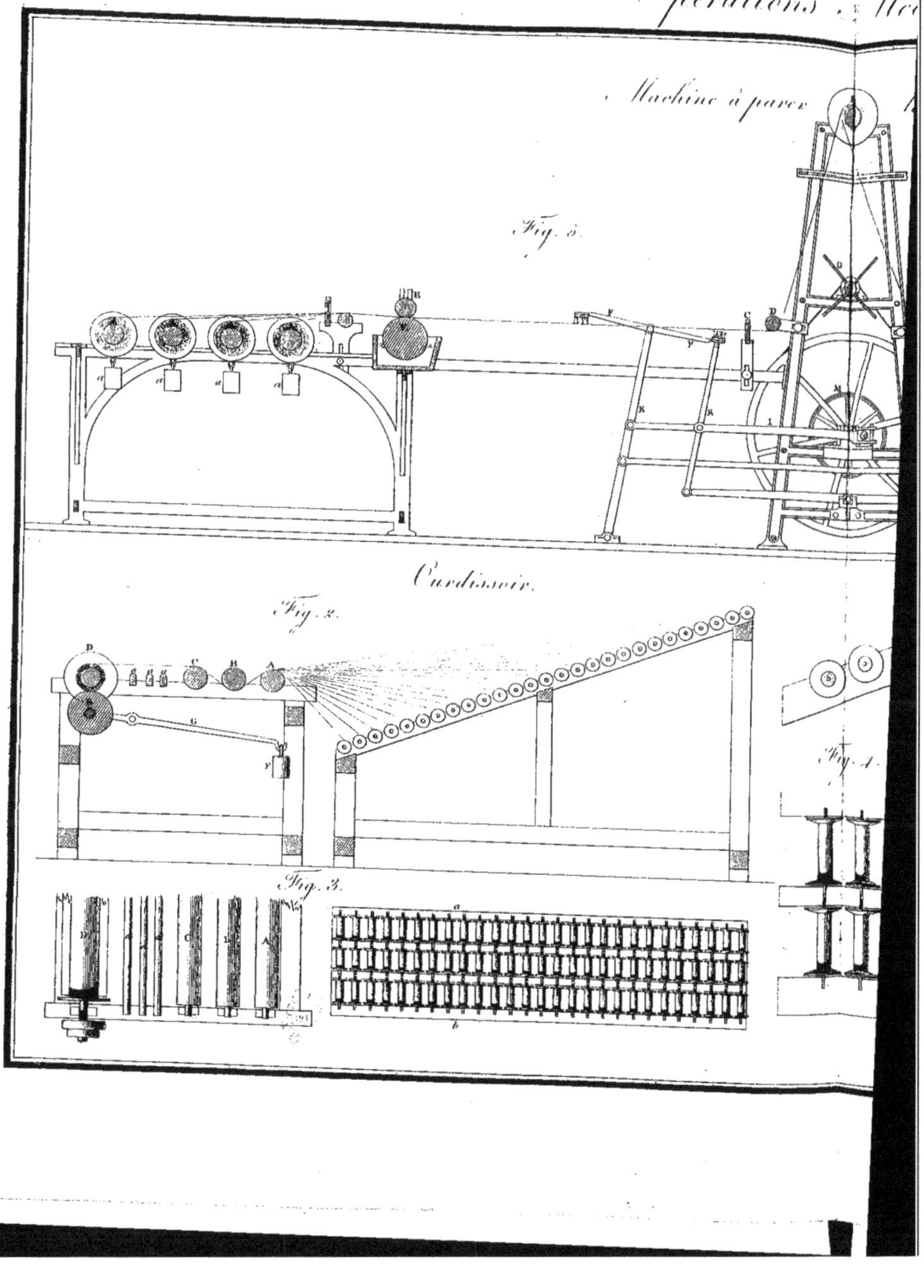

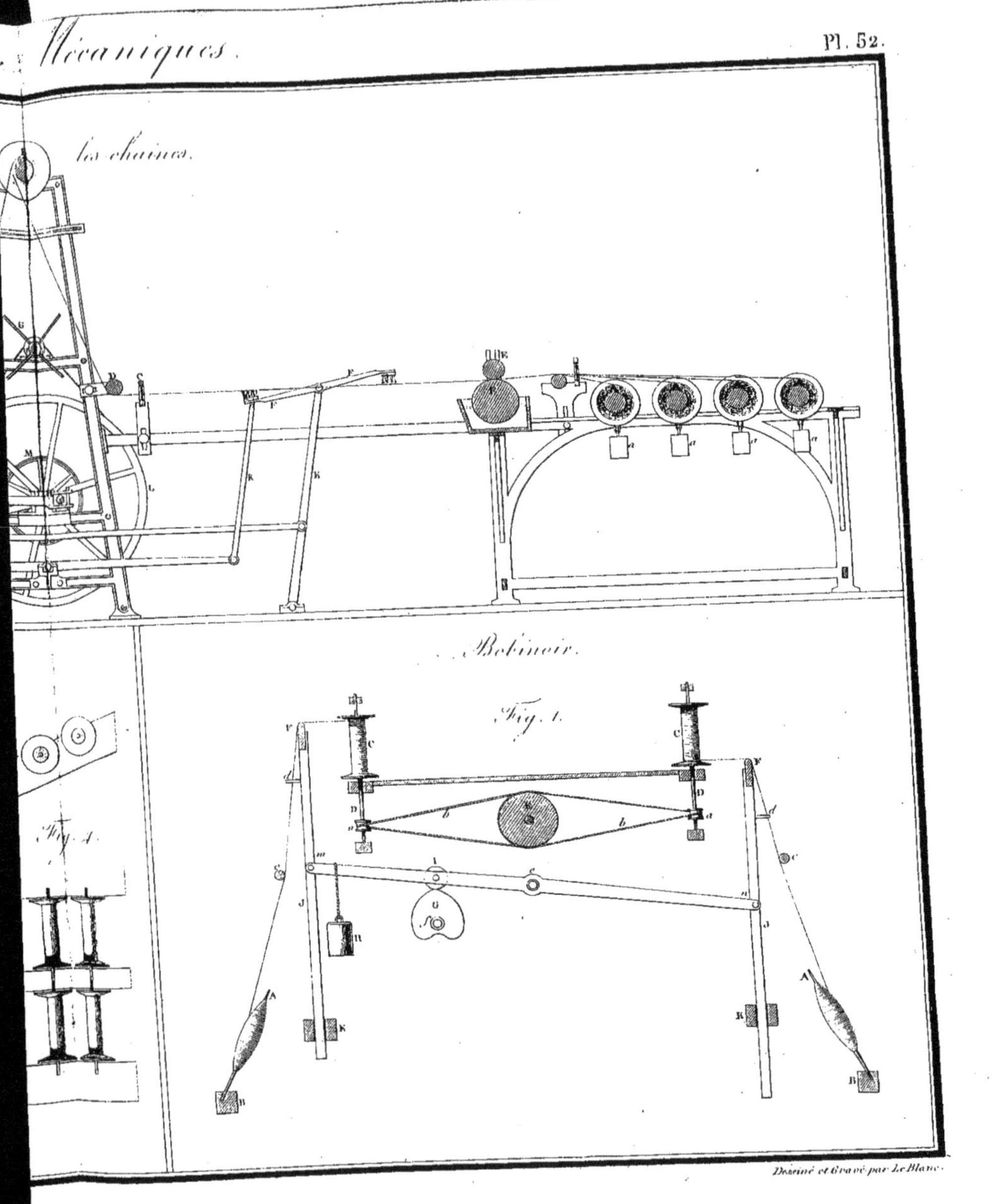
les chaînes.
Bobinoir.
Fig. 1.
Desiné et Gravé par Le Blanc.

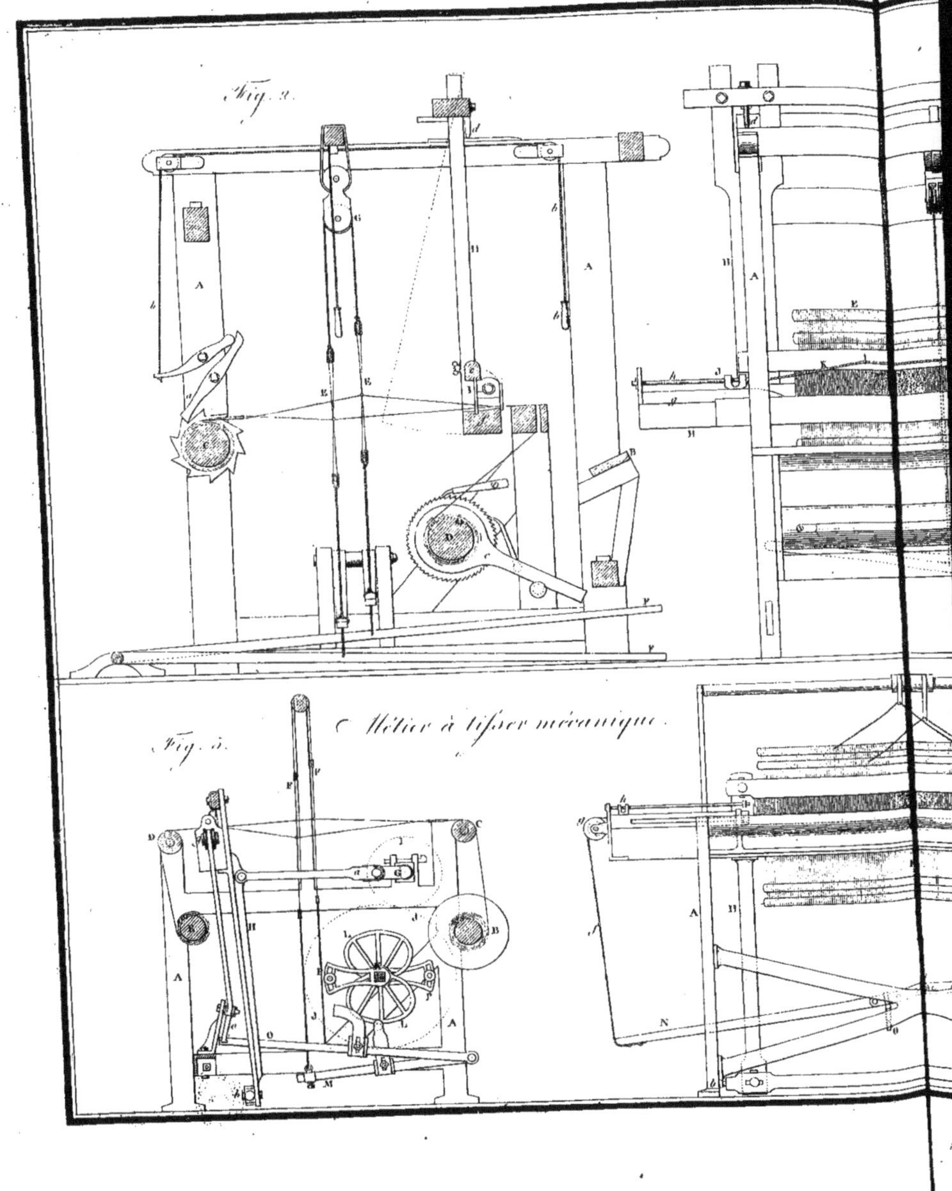

Fig. 2.
Fig. 3.
Métier à tisser mécanique.

Métier de tisserand à navette volante.

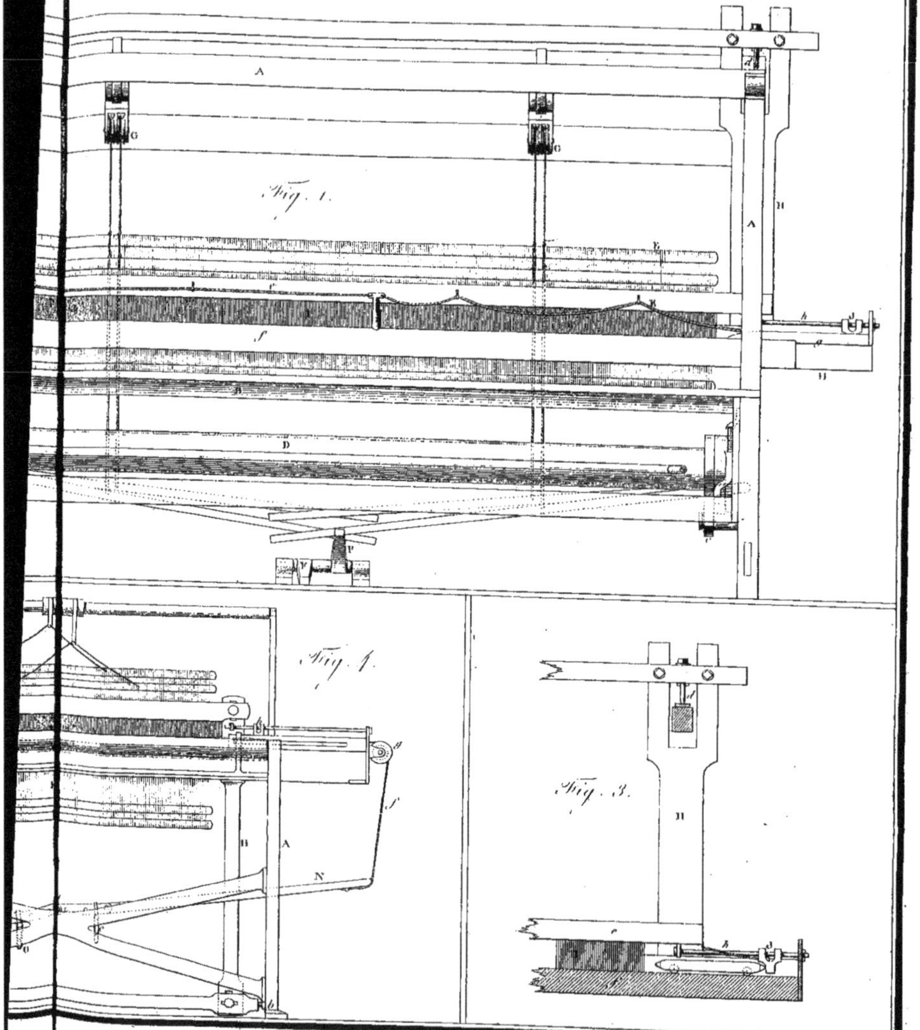

Fig. 1.

Fig. 2.

Fig. 3.

Opérations Méc

Machine dite à la Jacquard, pour le ti

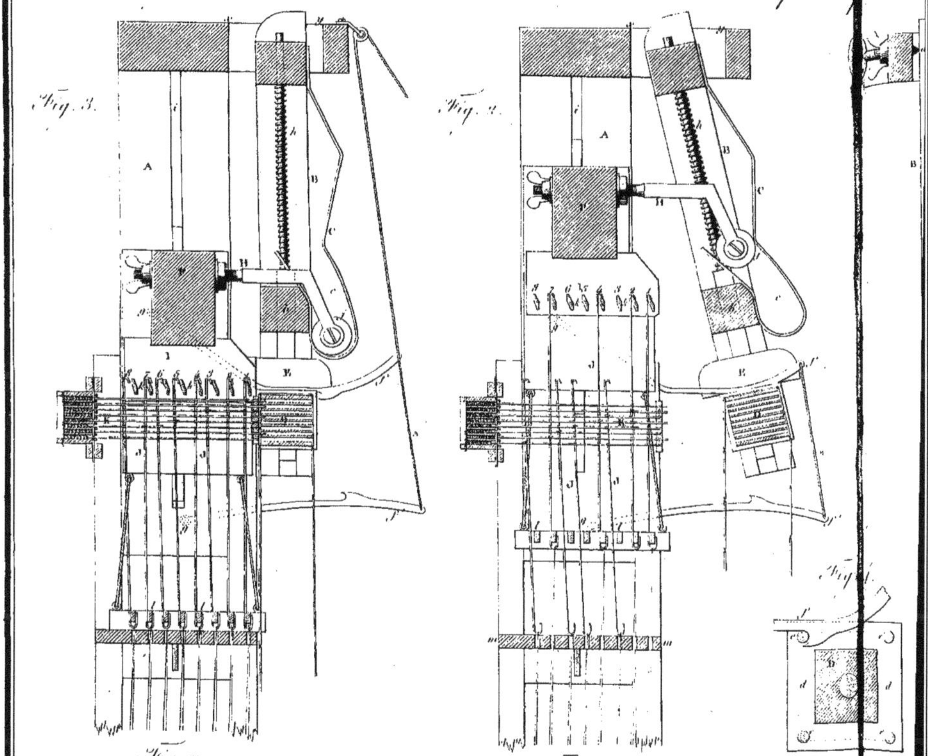

Fig. 3.
Fig. 2.
Fig. 4.
Fig. 7.
Fig. 5.

et pour le tissage des étoffes façonnées.

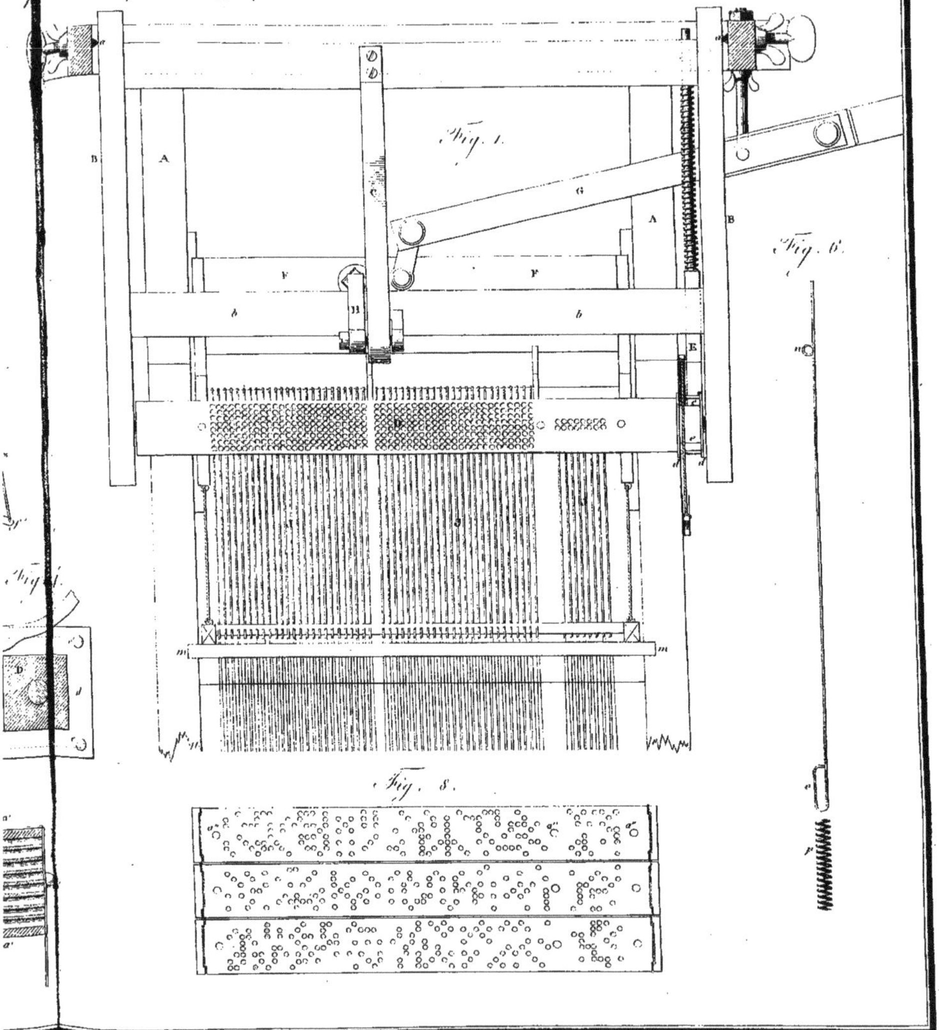

Métier à cordonnet.

Fig. 1

Fig. 4

Fig. 5

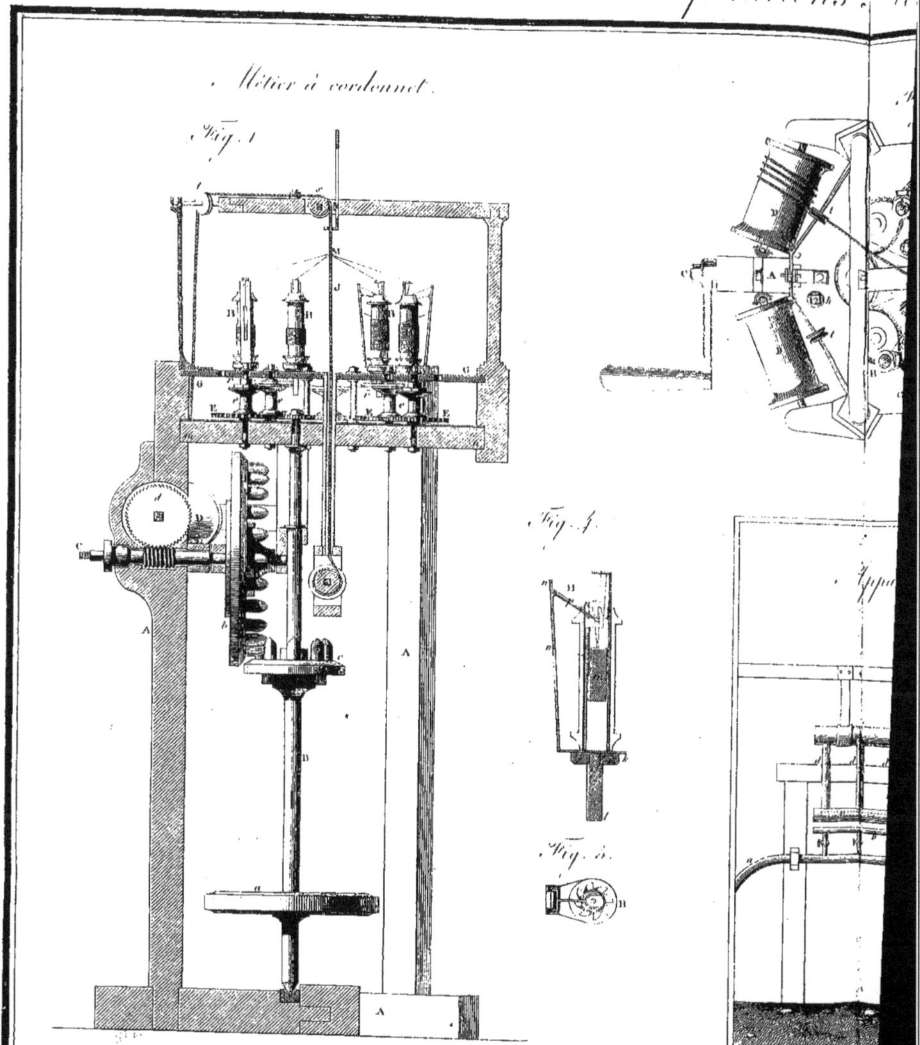

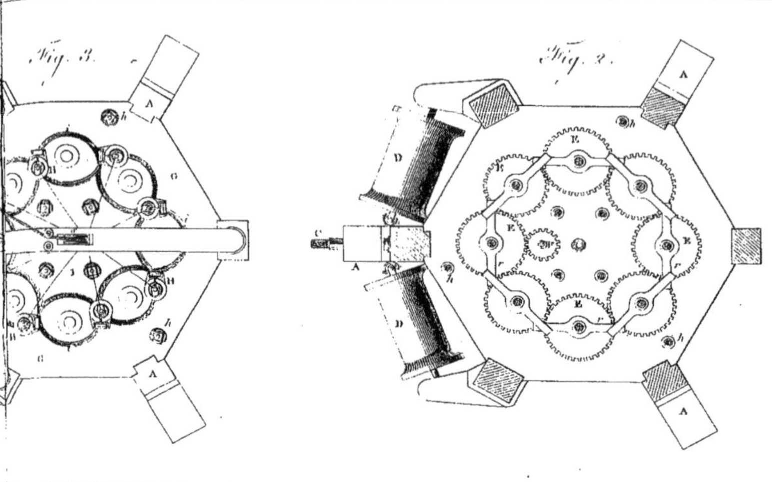

Appareil à gaz pour flamber les tissus de coton.

Fig. 6.

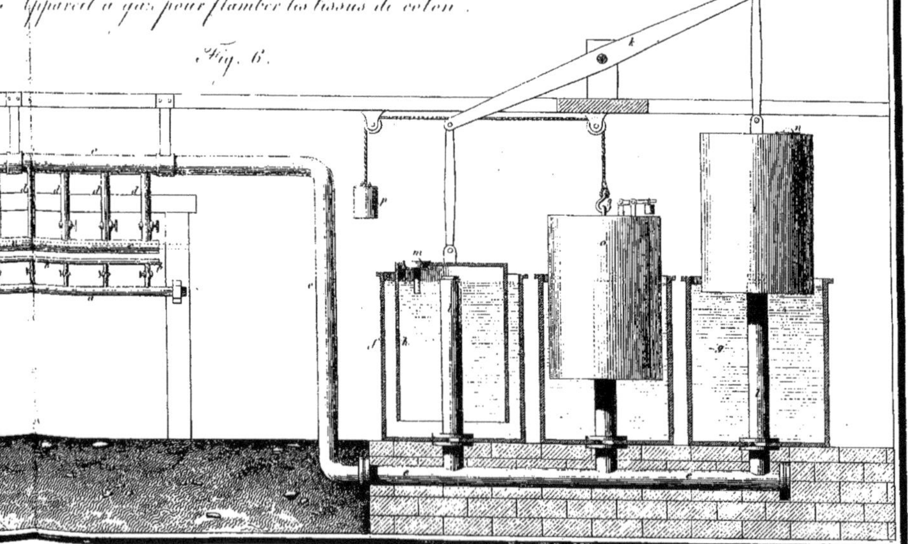

Dessiné et Gravé par Le Blanc.

Fig. 1.

ordinaire.

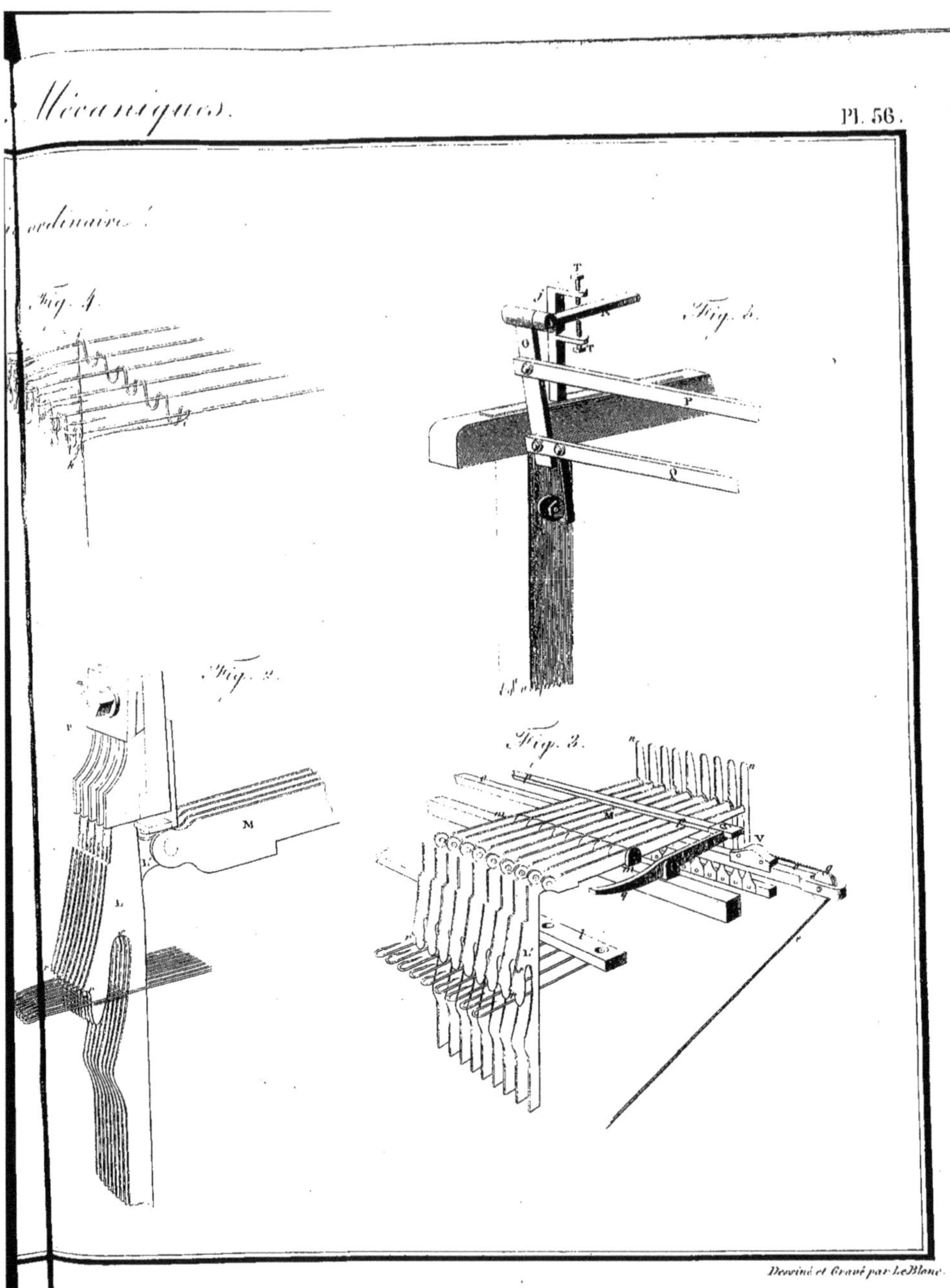

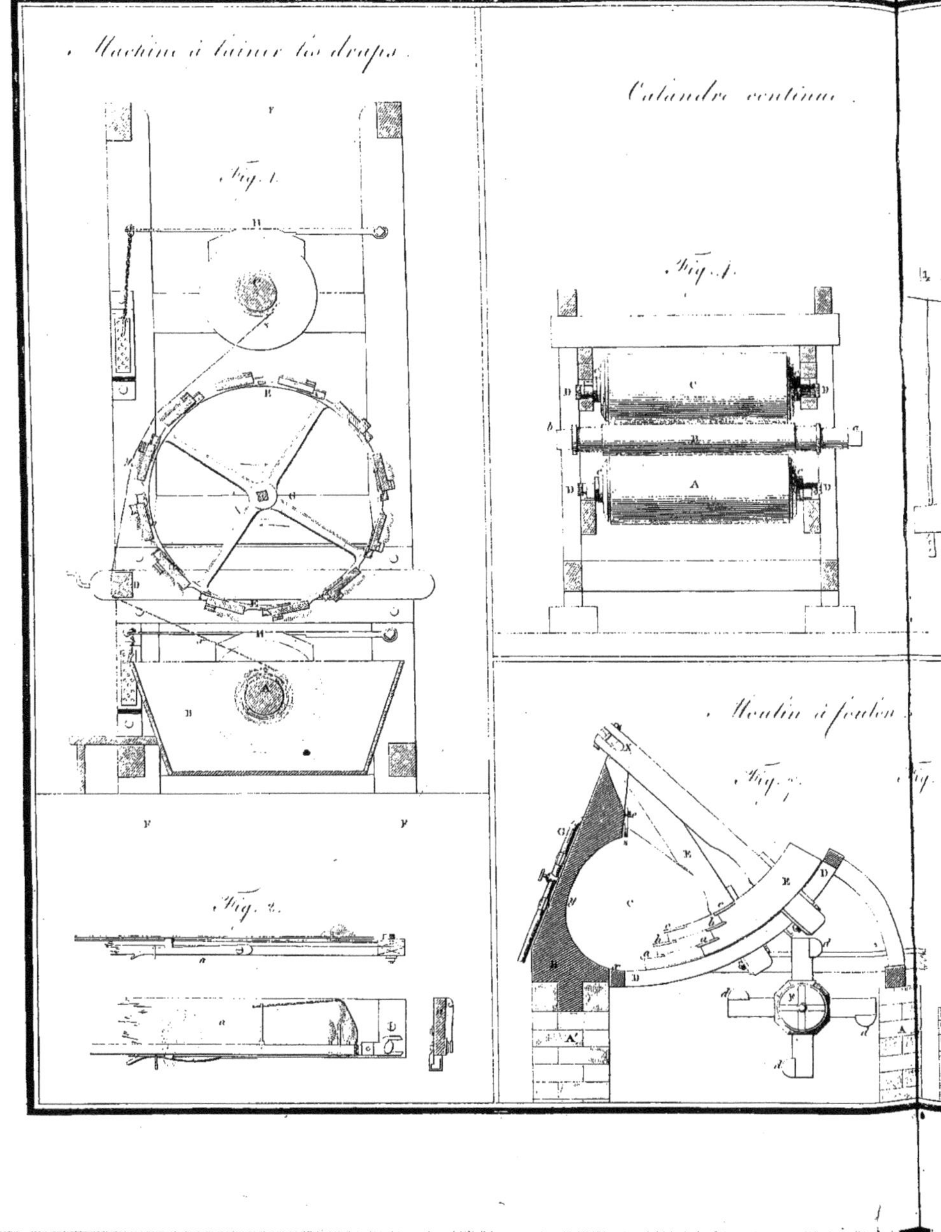
Machine à tainer les draps.
Fig. 1.
Calandre continue.
Fig. 1.
Fig. 2.
Moulin à foulon.
Fig.
A
B
C
D
E

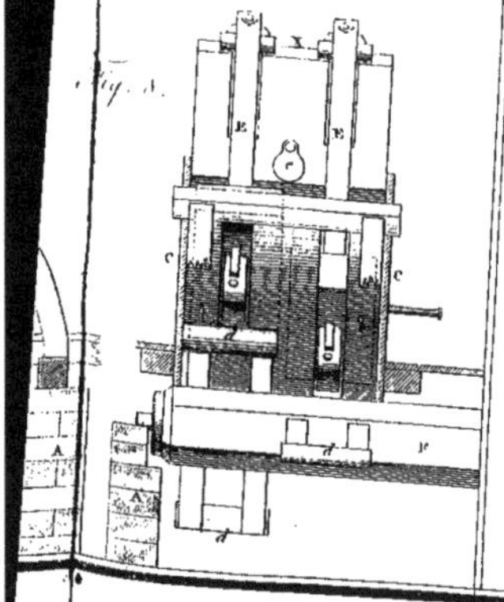

Machine à ratiner les étoffes de laine.

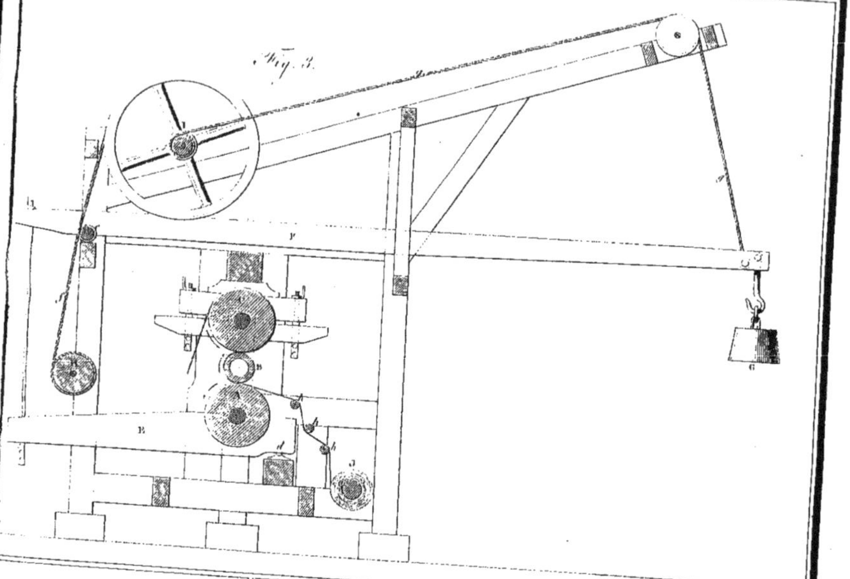

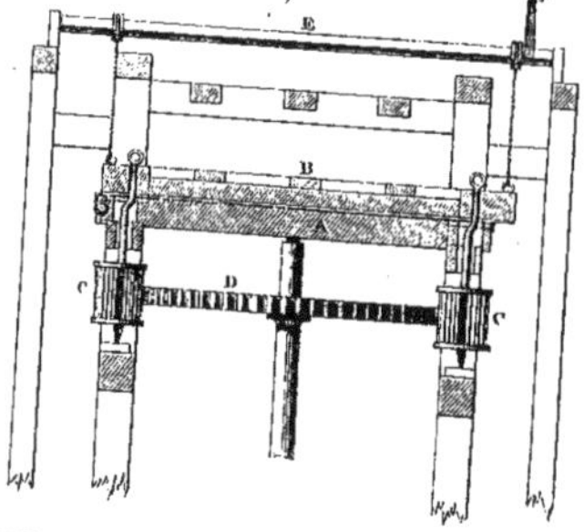

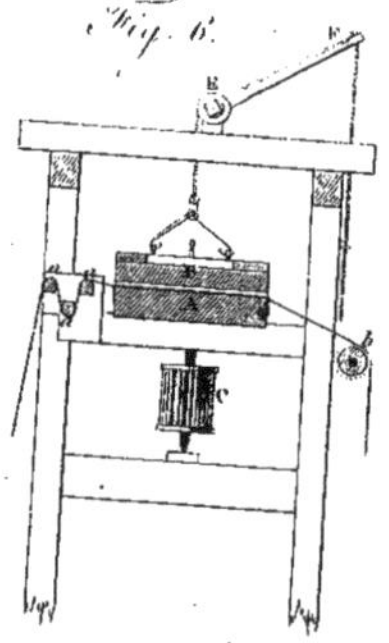

Machine à tendre les draps, dite...

Fig. 3.

Fig. 4.

Fig. 5.

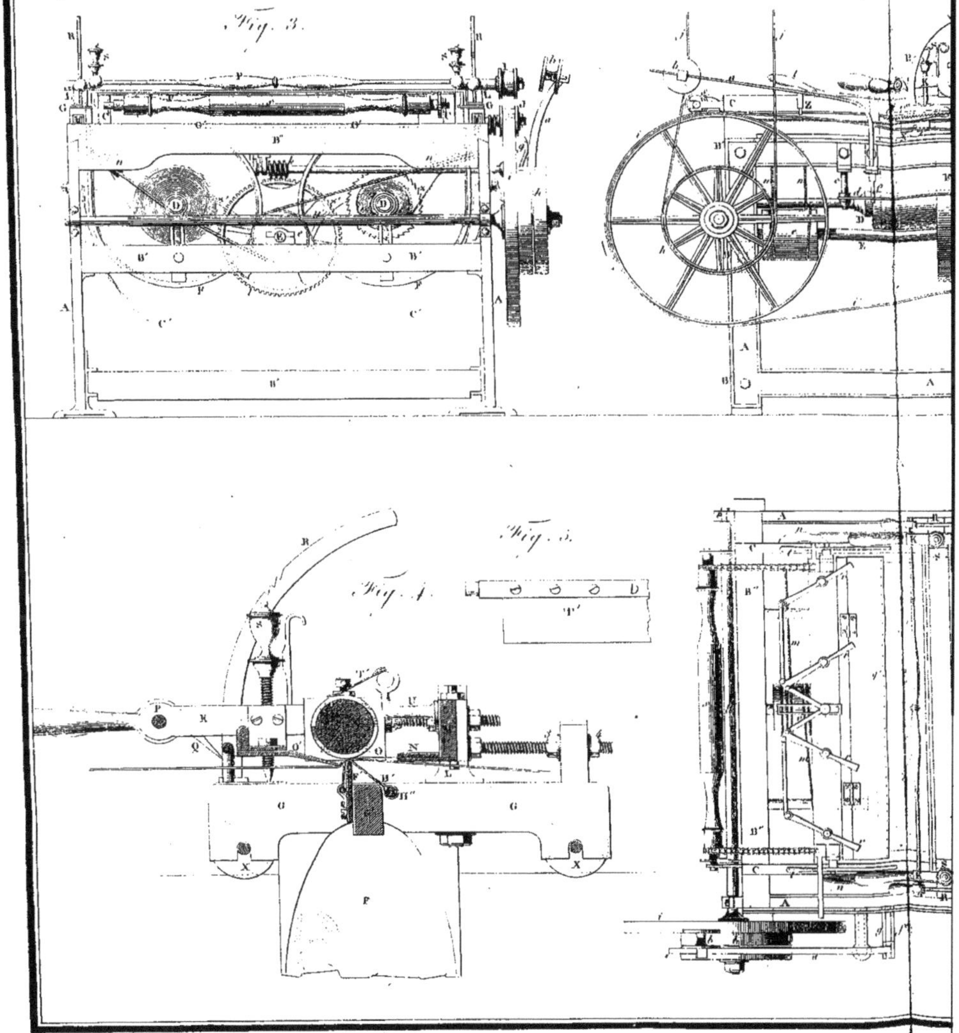

..., dite héliçoïde transversale.

Fig. 1.

Fig. 2.

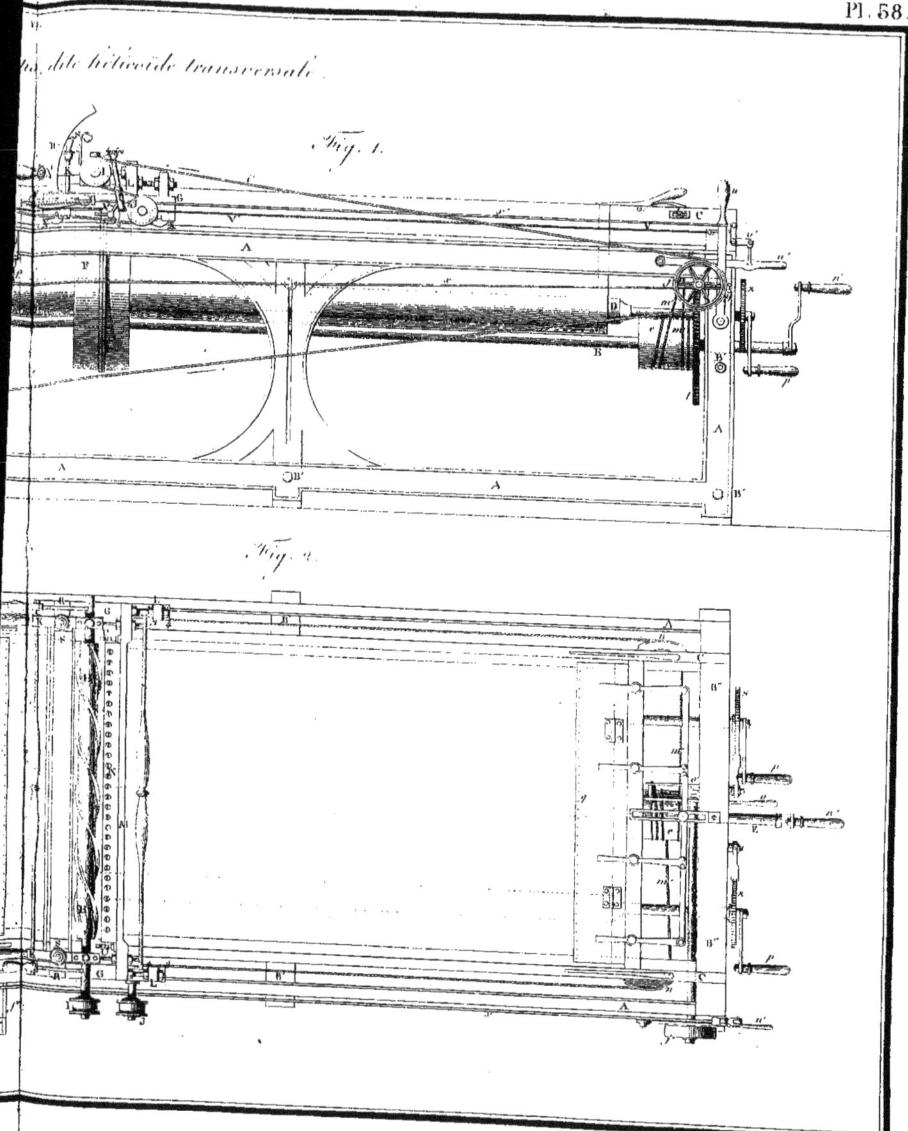

Charrue Américaine

Fig. 1

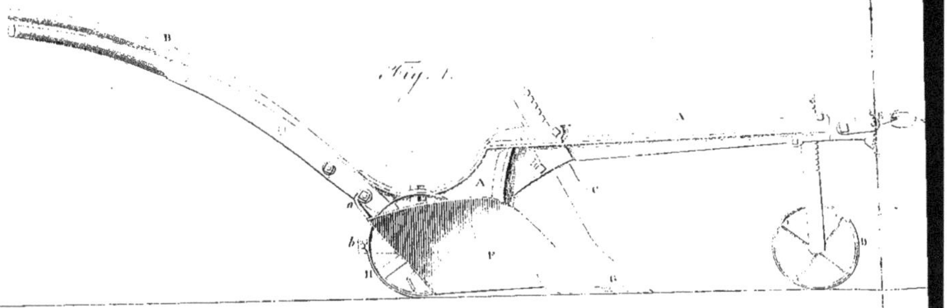

Fig. 2

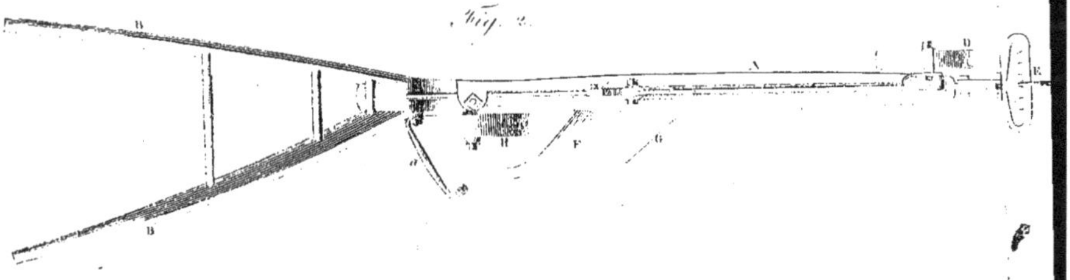

Extirpateur à

Fig. 3

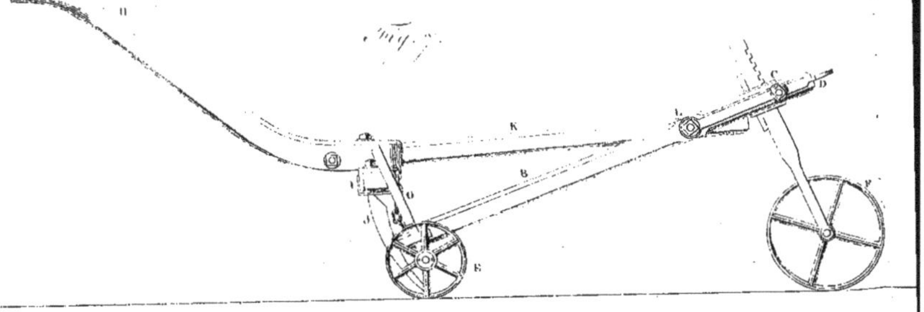

Semoir à bras, de Mr. Scipion Mourgue. 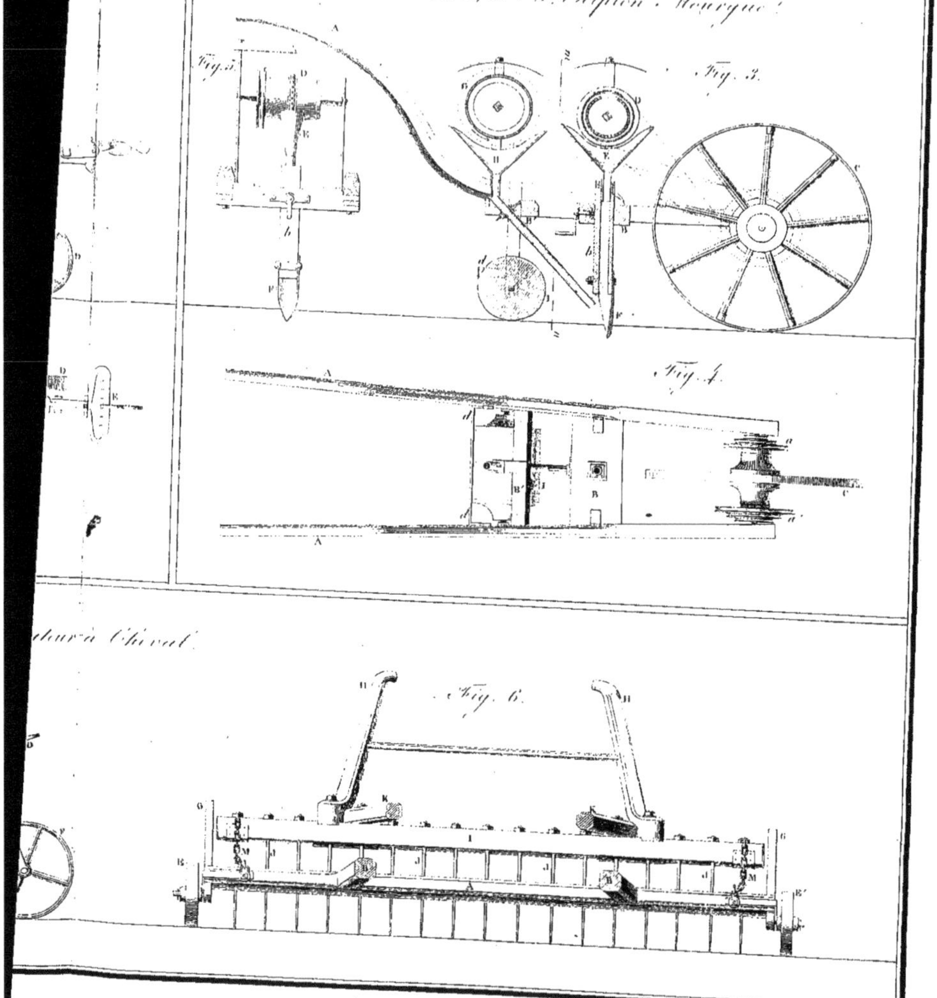
Fig. 5.
Fig. 3.
Fig. 4.
Fig. 6.
Dessiné et Gravé par Le Blanc.

Machine à battre le blé.

Fig. 1.

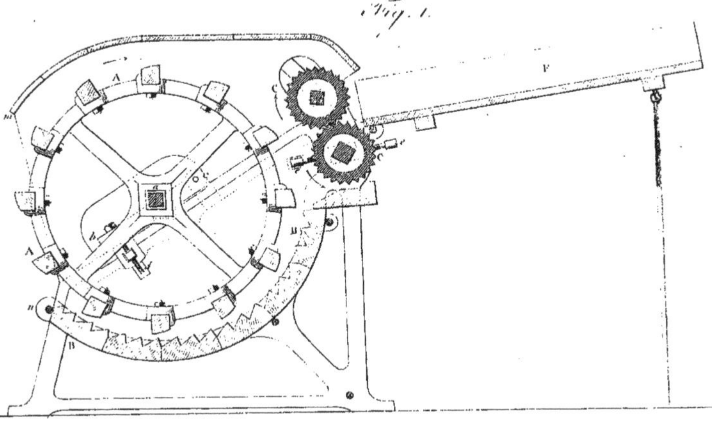

Fig. 2.

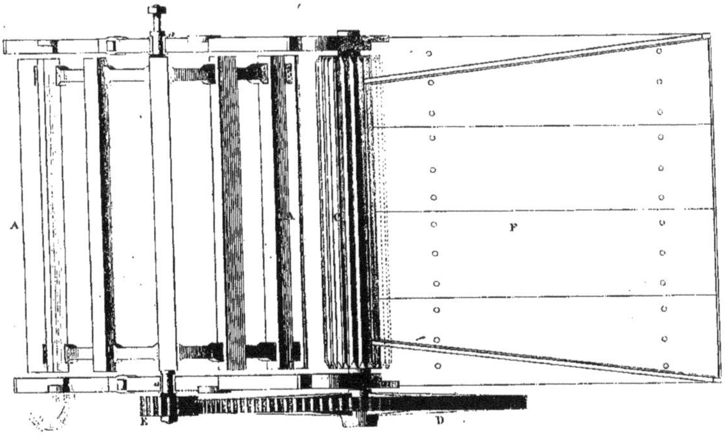

Machine à faner.

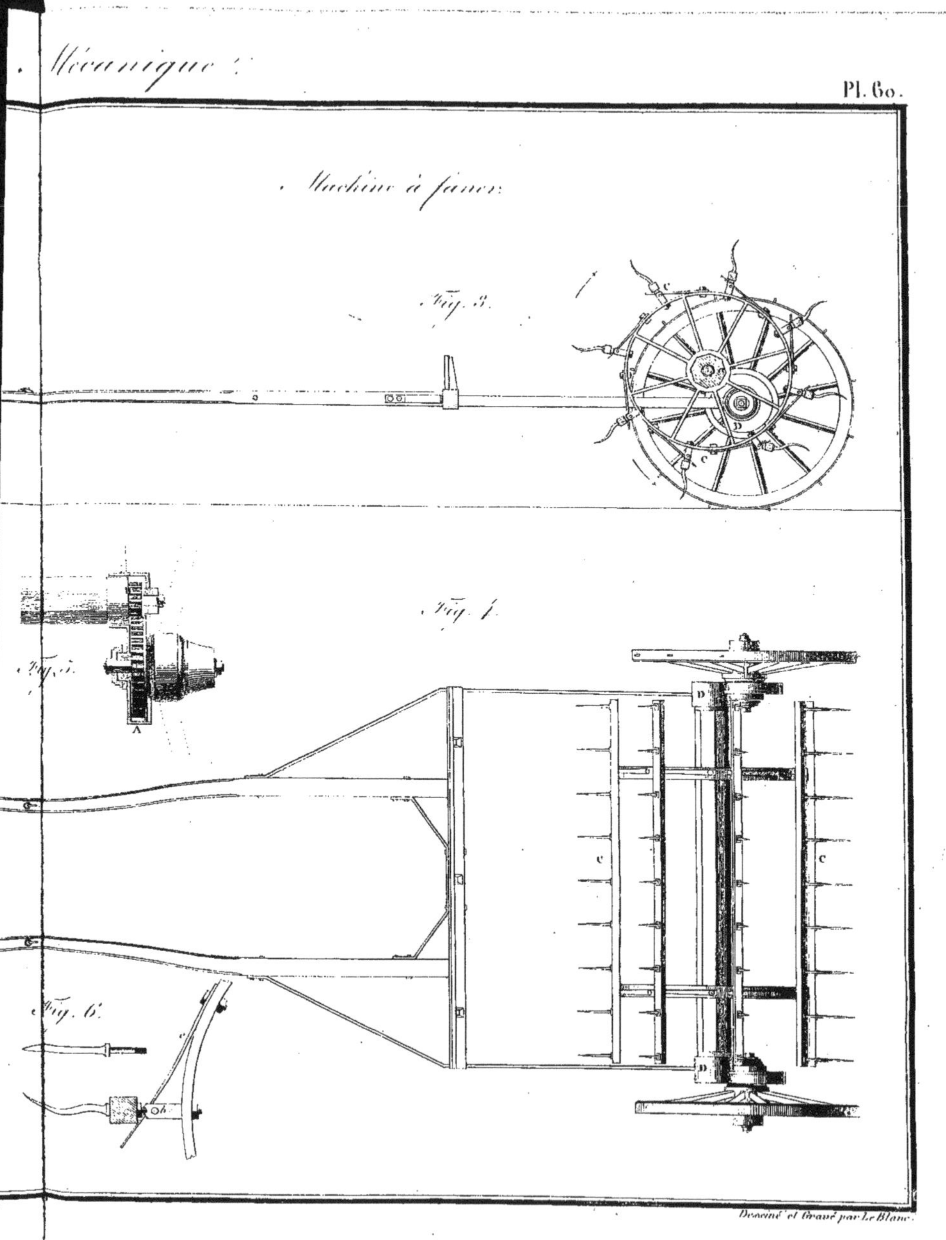

9 782013 266505